可穿戴式
上肢康复机器人
结构设计

庞在祥　王彤宇　王占礼　著

化学工业出版社
·北京·

内 容 简 介

本书在简要介绍上肢康复机器人技术发展的基础上，对可穿戴式上肢康复机器人结构设计方法进行了深入研究；在机器人结构基础上，对上肢康复机器人运动学、动力学进行分析，并基于运动学分析结果，研究了机器人轨迹规划方法；针对腕关节柔性并联机构支撑弹簧具有侧向弯曲特性，在充分考虑弹簧轴向柔性振动和径向柔性振动以及考虑弹簧轴向位移和柔性振动两种工况下，提出了一种有限转动张量和力与力矩平衡方程相结合的方法，验证了实验机构的合理性和分析方法的正确性；针对脑卒中偏瘫患者的被动康复训练轨迹跟踪问题，提出了一种基于 RBF 神经网络迭代学习方法，提高了系统的跟踪性能及轨迹跟踪误差的收敛速度。

本书可供从事上肢康复机器人研究的科研人员学习参考，也可作为相关专业的研究生或高年级本科生的教材。

图书在版编目（CIP）数据

可穿戴式上肢康复机器人结构设计/庞在祥，王彤宇，王占礼著．—北京：化学工业出版社，2023．1

ISBN 978-7-122-42515-7

Ⅰ．①可…　Ⅱ．①庞…②王…③王…　Ⅲ．①上肢-康复训练-专用机器人-结构设计-研究　Ⅳ．①TP242．3

中国版本图书馆 CIP 数据核字（2022）第 208152 号

责任编辑：金林茹　　装帧设计：王晓宇

责任校对：田睿涵

出版发行：化学工业出版社（北京市东城区青年湖南街 13 号　邮政编码 100011）

印　　装：北京科印技术咨询服务有限公司数码印刷分部

710mm×1000mm　1/16　印张 9¼　字数 157 千字　2023 年 4 月北京第 1 版第 1 次印刷

购书咨询：010-64518888　　售后服务：010-64518899

网　　址：http://www.cip.com.cn

凡购买本书，如有缺损质量问题，本社销售中心负责调换。

定　　价：98.00 元

PREFACE

人口老龄化的加剧、生活节奏的加快以及不良饮食习惯、环境等因素的影响，使得由脑卒中等原因造成的肢体运动障碍人数迅速增长，给患者家庭和社会带来沉重的负担。临床研究表明，病发后越早进行康复功能训练，越能最大程度地减少后遗症、降低致残率。康复机器人系统的应用为上肢康复训练开辟了新的有效途径，能够将康复医师从徒手高强度的康复训练中解放出来，有效促进社会康复治疗事业的发展。本书针对脑卒中患者中、后期主、被动康复训练的问题，探寻各康复阶段中不同患者的康复需求，设计开发了绳索驱动、串并联相结合的上肢外骨骼康复机器人关节结构康复系统，能够牵引有运动功能障碍的上肢，实现多个关节运动，完成活动范围与幅度较大的运动训练。对提高康复机器人系统技术水平、推动康复机器人与智能医疗系统临床应用技术推广具有重要的理论意义和参考价值。

本书在简要介绍上肢康复机器人技术发展的基础上，对可穿戴式上肢康复机器人结构设计方法进行了深入研究；在机器人结构基础上，对上肢康复机器人运动学、动力学进行分析，并基于运动学分析结果，研究了机器人轨迹规划方法；针对腕关节柔性并联机构支撑弹簧具有侧向弯曲特性，在充分考虑弹簧轴向柔性振动和径向柔性振动以及考虑弹簧轴向位移和柔性振动两种工况下，提出了一种有限转动张量和力与力矩平衡方程相结合的方法，验证了实验机构的合理性和分析方法的正确性；针对脑卒中偏瘫患者的被动康复训练轨迹跟踪问题，提出了一种基于 RBF 神经网络迭代学习方法，提高了系统的跟踪性能及轨迹跟踪误差的收敛速度。

本书在编写过程中，得到了北京大学喻俊志教授、长春工程学院张邦成教授、长春工业大学孙中波教授以及孙建伟教授的大力支持，在编写及校对过程中，吉林省智能制造技术工程研究中心高墨尧、李爽、刘帅、李也等多位同学也做了很多工作，在此一并向他们表示衷心感谢！

本书相关的研究工作得到了国家自然科学基金面上项目“基于最优训练路径的上肢康复机器人结构设计方法研究”(51875047)、吉林省科技厅重点研发项目“绳索驱动上肢外骨骼康复机器人关键技术研究与开发”（20220204102YY）、吉林省教育厅项目“基于张拉机构特性的上肢康复机器人关键技术研究与开发”（JJKH20200658KJ）的资助。

限于作者水平，不妥之处在所难免，恳请读者和相关专家批评指正。

著者

CONTENTS

第1章 绪论

1.1 背景及目的、意义

脑卒中是指由急性脑血管血液循环障碍导致持续性大脑神经功能缺损、坏死的一组疾病。病后85%的幸存者会留下不同程度的身体功能障碍[1]，尤其老年人患病比例较大[2]。脑卒中发病后患者多会丧失原有肢体的自主活动能力以及日常的生活能力，最常见的症状为偏瘫[3]。国家卫生健康委员会的统计数据显示，由急性脑血管血液循环障碍所引发的疾病已成为我国居民的主要死因，会带来沉重的家庭负担和社会负担[4]。数据显示，2019年底，我国60周岁及以上人口超过2.5亿，其中失能、半失能老人超过4000万，带病生存的脑卒中患者超过1400万，并以每年200多万的速度增长，造成每年150万以上人口死亡，是一种严重危害人类健康的全球性疾病[5]。在新颁布的“十四五”规划中，国家明确提出，加强老年健康服务，深入推进医养康养结合。特别指出，加大老年康复护理供给，建设康复大学，提升基层康复服务水平，从而更好地满足高龄失能失智老年人护理服务需求[6]。

脑卒中后出现的偏瘫症状，不是人体本身骨骼、肌肉受到伤害不能运动，而是中枢神经系统受到损伤后，大脑神经系统不能对肢体运动进行有效支配，导致肢体丧失原有行为能力[7]。偏瘫形成后主要的康复治疗手段是通过运动疗法对偏瘫患者肢体进行运动康复，维持患者肢体关节部位活动度、预防肌肉萎缩、增强肌张力、恢复患者肢体功能，将肢体运动与受损的中枢神经系统重新建立联系，逐步刺激脑部损伤的中枢神经系统康复，达到对肢体行为的有效控制。传统的康复手段是康复医师通过徒手方式或者借助相关辅助器具对患者进行一对一的康复训练，通过定期反复地对患者肢体进行训练，使肢体的正常活动能力得以复现[8,9]。康复训练过程中，由于是康复治疗师通过手法直接作用于患者肢体，在康复运动过程中容易受到康复治疗师主观意识及其体力和心情的影响。同时，患者在发病后还伴随着语言以及认知功能等方面的障碍，在此过程中也会削弱康复治疗师与患者之间的沟通与交流，不利于患者肢体功能的康复。康复机器人系统的应用研究为上肢偏瘫患者的康复训练开辟了新的有效途径，能够弥补临床康复运动治疗过程中的诸多不足，通过康复机器人的辅助治疗，能够改善肢体偏瘫患者的运动功能[10,11]。与传统康复医师徒手治疗手段相比，康复机器人在康复治疗强度、持续时间、康复训练的重复性等方面具有明显优势，能够使康复医师从徒手高强度的康复训练中解放出来，提高偏瘫患者的康复运动功能训练效果[12,13]。打破医患之间一对一的限制，让康复医师更专注于对患者治疗方案的优化和改进[14]。同时，康复机器人系统能够通过系统中自带的智能化人机接口，实时提取人体各关节数据，为康复治疗师治疗方案的改进和优化提供依据，为不同康复阶段的患者提供不同的康复训练模式和不同的康复训练强度；能够有效激发偏瘫患者主动参与康复的意识，增强患者在康复训练过程中的康复信心和决心。因此，上肢康复机器人系统的开发和研究将有效促进医、工学科的交叉融合，优势互补，有效促进社会康复治疗事业的发展[15]。

1.2 偏瘫康复理论及训练方法分析

1.2.1 脑卒中及脑可塑性

脑卒中（Stroke）通常被称为“中风”或脑血管意外（CVA，Cerebrovascular Accident），是由急性脑血管疾病引起的持续性大脑神经功能缺损[16]。脑组织损伤，相应的中枢神经系统也将受到损伤，造成部分感觉障碍和偏瘫等功能性障碍。早期偏瘫的治疗手段是在手术治疗后，患者体征稳定 48 小时后开始进行康复训练，改善患者受损功能，降低残疾程度。治疗过程以综合治疗为主，患者逐步参与，最大限度减少对中枢神经功能的损害，提高患者生活质量[17]。研究表明，当中枢神经系统受到损伤后，将外界的刺激作用在人体上，通过人体自我修复功能达到适应外部环境的能力，可促使脑部中枢神经组织进行再生或者重建，使人体的肢体运动功能得以恢复，这称为脑可塑性。脑可塑性不是人体行为能力的改变或者人体运动功能恢复和改变，是发育过程中中枢神经系统对所在的生活环境适应和变化的过程[18]。针对脑卒中偏瘫患者康复而言，通过康复医学手段，使患者能够从偏瘫状态中恢复，最终达到生活自理的目的。康复功能的恢复是肢体运动能力的恢复而不是疾病的恢复，因此，在进行康复结构设计时，首先要保证所设计的康复结构能够使患者肢体进行康复，并利用肢体康复训练方式，最大程度地恢复肢体的运动功能。针对偏瘫患者不同时期的运动康复，通过不同的康复训练模式来刺激人体的大脑皮层及周围的神经组织，促进大脑皮层功能区的整合。康复训练过程中，关节和肌肉的运动也会刺激脑部中枢神经系统，能够抑制肢体痉挛、肌肉萎缩等症状的发生，使患者肢体运动功能快速达到协调与自然。患者通过康复机器人带动患肢进行被动康复训练或者患者主动带动康复机器人进行主动康复训练，会促使中枢神经系统对脑回路进行重建，在康复运动过程中不断进行学习和训练，刺激神经系统的修复，最终建立正确的脑部控制回路并进行永久性的固定。所以，设计的康复机器人系统运动性能的优劣直接决定患肢康复运动的康复效果。神经恢复过程如图 1.1 所示。

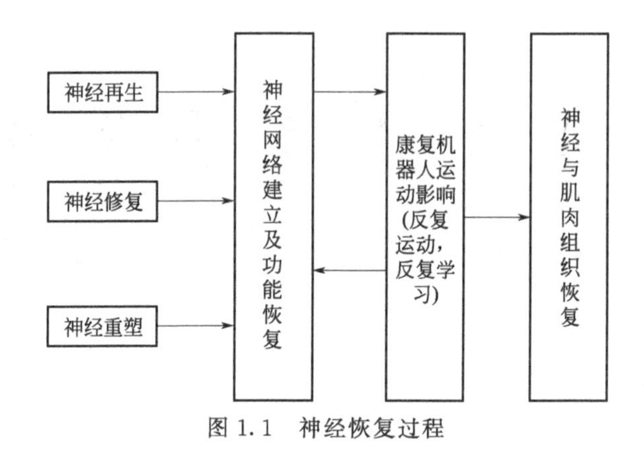

图 1.1　神经恢复过程

1.2.2 脑卒中偏瘫康复训练方式

20 世纪 50 年代，著名运动康复治疗师 Signe Brunnstrom 根据脑卒中患者运动功能的恢复，提出了六阶段理论划分法（Brunnstrom 理论）。Brunnstrom 理论认为脑卒中术后的恢复过程中不同时期通过运动模式来诱发患者肢体的运动反应，刺激患者肢体运动，激发患者主动参与意识，实现脑部中枢神经组织的再生或者重建，使肢体运动功能得以恢复[19]。Brunnstrom 理论已成为评价偏瘫患者肢体运动功能障碍的基本依据，被广泛应用于康复治疗领域。根据 Brunnstrom 理论以及肌张力状态的不同，脑卒中偏瘫患者的肢体恢复可分为软瘫期（Brunnstrom Ⅰ—Ⅱ期）、痉挛期（Brunnstrom Ⅲ—Ⅳ期）、恢复期（Brunnstrom Ⅴ—Ⅵ期）和后遗症期四个阶段。不同的康复训练阶段，由于患者患肢肌力与肌张力存在较大变化，导致肢体的运动模式在共同运动、分离运动等多个运动模式之间变化。Brunnstrom 理论偏瘫上肢功能评价表如表 1.1 所示。

表 1.1　Brunnstrom 理论偏瘫上肢功能评价表

阶段	上肢
Ⅰ	软瘫期，脑血管意外发病后，患侧肢体出现瘫痪症状。肢体不能进行任何运动，肌张力较低且迟缓

续表

阶段	上肢
Ⅱ	肢体开始出现痉挛，共同运动出现
Ⅲ	肢体共同运动达到高峰且伴有明显痉挛，共同运动可随意引起并具有一定的关节运动
Ⅳ	肢体痉挛现象有减弱趋势并出现分离运动
Ⅴ	肢体痉挛现象明显减弱，能够脱离共同运动，完成比较复杂的分离运动
Ⅵ	肢体共同运动及痉挛现象消失，分离运动正常或接近正常

偏瘫患者的康复通过物理疗法和作业疗法相结合，最大程度改善偏瘫患者的运动功能，充分强化和发挥患者肢体的残余功能，通过代谢或者使用辅助器具以及生活环境改造等方式，争取使患者达到生活自理，回归社会。

软瘫期：发病1～3周内，患侧肢体处于软瘫状态，生命体征平稳，患者意识较清楚或有轻度的意识障碍，但患者患侧肢体的肌力、肌张力均较低。此时，大脑表现出极强的补偿能力，采用适宜的被动训练模式，在早期恢复中具有良好的效果。康复训练遵循从大关节到小关节循序渐进的方式进行训练，直至主动运动恢复。上肢的被动康复训练主要进行肩关节屈/曲及伸展、肩关节内收/外展、肩关节旋内/旋外、肘关节屈/曲及伸展、前臂旋前/旋后、腕关节尺偏/桡偏、腕关节屈/曲及伸展等部分训练。

痉挛期：发病2～3周后，上肢开始出现痉挛并逐渐加重，患肢出现联合反应及轻微的屈曲共同运动，一般持续3个月左右，随着患者肌张力的升高会导致痉挛现象发生。康复训练采用抗击痉挛的姿势和体位，预防痉挛模式和控制异常运动模式的发生，促使分离运动出现。康复训练多采用被动训练与主动训练结合的模式，通过适宜的运动训练缓解和消除关节痉挛。

恢复期：发病3～6个月，此过程中肢体动作僵硬、迟缓、笨拙，关节分离运动已完成，在此过程中主要采用主动训练模式，通过对肩、肘、腕等关节进行适宜的运动训练，增强关节的协调性，康复训练遵循由简到繁、由易到难的康复训练原则，对患者制订针对性的康复训练运动训练计划，纠正错误的运动模式，改善精细与技巧性运动。

后遗症期：病程6个月～1年左右，脑卒中发病后经过治疗或未经过积极的康复训练而出现肢体痉挛、关节挛缩畸形、运动姿势异常等症状。后遗症期的治疗通过康复护理，指导患者继续对患侧肢体进行训练，逐步适应所生活的周围环境，让患者具有一定生活自理能力，回归社会。

1.2.3 临床康复训练方法

传统的康复训练方法是康复治疗师徒手或者借助相关辅助器具对患者进行一对一的康复训练，通过定期反复地对患者肢体进行训练，使肢体的正常活动能力得以复现。上肢运动的康复主要针对患者的肩关节、肘关节、腕关节、指关节等关节进行训练。上肢单关节人工康复训练方式如图 1.2 所示。图 1.2(a)～(c) 为康复治疗师对肩关节屈/伸、外展/内收、旋内/旋外 3 个自由度的操作训练；图 1.2(d) 为康复治疗师对肘关节旋内/旋外的操作训练；图 1.2(e)、(f) 为康复治疗师对掌指关节的屈/伸以及掌指外展的训练。

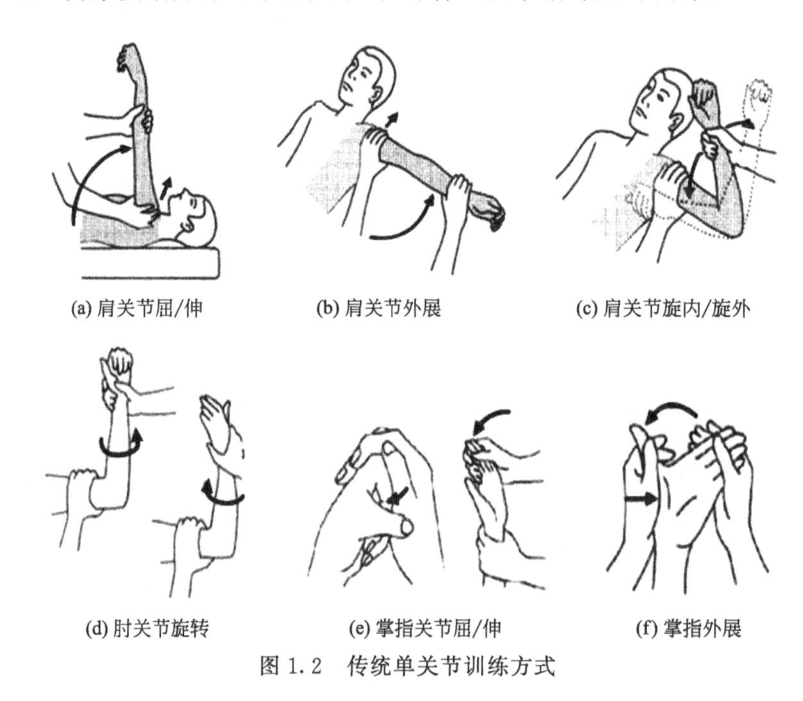

(a) 肩关节屈/伸　(b) 肩关节外展　(c) 肩关节旋内/旋外

(d) 肘关节旋转　(e) 掌指关节屈/伸　(f) 掌指外展

图 1.2　传统单关节训练方式

康复治疗师在康复训练过程中通过抓握患者手臂，在保证上肢关节姿态的同时以特定的手法为患者提供一定的辅助力进行康复训练。在进行上肢关节复合训练时需要康复治疗师的双手参与，一只手抓握患者所需康复关节的前端，起固定患者手臂姿态的作用，另一只手去抓握所需康复关节的远端，为患者康复关节提供训练动力，完成相应的关节康复运动训练。康复治疗师在训练过程中需时刻注意患者康复关节的运动范围、实施康复的力度以及关节运动的速度，避免对患者肢体造成二次伤害。传统康复训练方法为可穿戴式上肢康复机器人结构设计方法的提出奠定了基础，同时也为患者最优康复训练路径的选择提供了参考依据。

1.2.4 基于康复机器人的康复训练方法

根据偏瘫患者运动能力的差异性，以及患者所处的不同康复阶段，通过康复机构，基于特定的康复训练模式对患者实施康复训练。常见的康复机器人训练包括被动、助力、主动、抗阻等运动模式。针对关节功能受损程度的不同，具体康复训练方法如下：

（1）被动运动康复训练

被动运动康复训练是偏瘫患者借助外力牵引患肢进行的一种训练，通过牵引机构的作用，不断对患肢进行康复运动，以期达到患肢关节恢复运动功能的目的。被动运动康复训练模式主要针对患者肢体不具有自我运动能力的软瘫期以及痉挛期的偏瘫患者，通过康复机器人牵引患肢，使其在康复机构的关节活动范围内进行运动，对患者肢体进行牵引康复，预防肌肉萎缩、关节粘连等现象的发生，保持关节的活动范围，为主动运动康复训练做准备[20]。对偏瘫患者进行被动康复训练时，需保证患者肢体处于舒适自然的状态，支撑和固定所需康复关节的近端，使其能够充分地自由活动，不参与运动的关节进行适当支撑。康复运动过程中，保持关节运动缓慢且平稳，逐渐增大关节的活动范围。

（2）主动运动康复训练

主动运动康复训练是偏瘫患者肢体受损程度较小或经过被动康复训练之后，肢体具备一定自主运动能力，能够依靠患者自身力量，自主推动康复机器人对受损关节进行强化运动模式的训练，适用于偏瘫患者的康复后期训练。根据康复机器人提供力的大小，分为助力康复训练和阻尼康复训练两种模式。助力康复训练是偏瘫患者主动用力，康复机器人只提供完成康复动作的最小助力，辅助患者主动进行肢体的肌肉收缩来完成相关的康复动作。阻尼康复训练需要偏瘫患者在康复训练过程中必须克服康复机器人提供的阻力来完成相关康复动作。

（3）主、被动运动康复训练

主、被动运动康复训练是由康复机器人按照偏瘫患者的康复需要，为其提供助力又提供阻力的康复训练模式，适用于痉挛期患者的康复训练。在被动运动康复训练与主动运动康复训练间隔期间，偏瘫患者本身肢体运动能力存在不足，通过康复治疗师与康复机器人提供的检测数据，评估偏瘫患肢要完成特定康复训练动作所需的辅助力，康复机器人驱动患肢，辅助患者肢体实施康复训练。

1.3 上肢康复机器人的国内外发展现状

上肢康复机器人系统应用于临床康复医学领域，主要用于辅助或替代康复医师来完成患者肢体康复训练，通过康复机器人的辅助治疗，改善肢体偏瘫患者的运动功能。基于偏瘫患者所处的不同阶段，为患者提供不同训练强度、不同训练模式的康复训练，激发患者主动参与意识，增强患者康复信心和康复决心，促进医学、工学资源优势互补。目前应用于上肢康复的机器人系统主要分为末端导引式和外骨骼式康复机器人。末端导引式康复机器人结构主要由串联机构或连杆机构组成，机械结构本体与患者上肢相对独立，患者手部与机器人末端固定，通过简单驱动装置带动患者手部进行运动，使患者上肢产生跟随运动，通过控制运动轨迹和运动姿态实现带动患者上肢运动。外骨骼式康复机器人通过将机器人穿戴在患者的手臂上，带动患者手臂完成康复动作，能够最大程度地模拟人体的运动功能，并与人体相匹配，康复机构的运动关节与人体运动关节轴心保持一致。

1.3.1 末端导引式康复机器人系统发展现状

在国外，20 世纪 90 年代就已开始了关于上肢康复机器人方面的研究工作。基于机构设计的末端导引式康复机器人见图 1.3。图 1.3(a) 所示为麻省理工学院研制的第一台用于脑损伤患者的上肢康复机器人（MIT-Manus）[21]，该装置基于反向驱动技术以及阻抗控制技术，实现患者运动过程中的快速平滑运动要求和机器人末端平滑性要求，使患者能够在平面内实现肩、肘关节二维康复辅助训练，具有被动训练、主动训练、助力训练三种模式。图 1.3(b) 所示为德国柏林 Klinic 实验室与弗朗荷费研究所研究开发的 Bi-Manu-Track 训练机器人[22]，该系统可同时实现双侧手臂的康复训练，完成前臂的外转和腕关节伸缩两种两个方向的主被动运动康复。图 1.3(c) 所示为意大利 Colombo 等研究开发的腕关节康复机器人系统[23]，该系统通过虚拟游戏环境场景来增强患者康复训练过程中的拟实感和娱乐性，并将康复训练数据进行记录，为康复训练效果评价提供依据。图 1.3(d) 所示为意大利帕多瓦大学 Rosati G 等研制的末端导引式上肢康复机器人（NeReBot）[24]，该系统采用线驱动方式，在康复过程中通过尼龙线将电机与矫正器连接并固定到患者手臂上，实现患者坐位、卧位两种姿态下的康复训练。

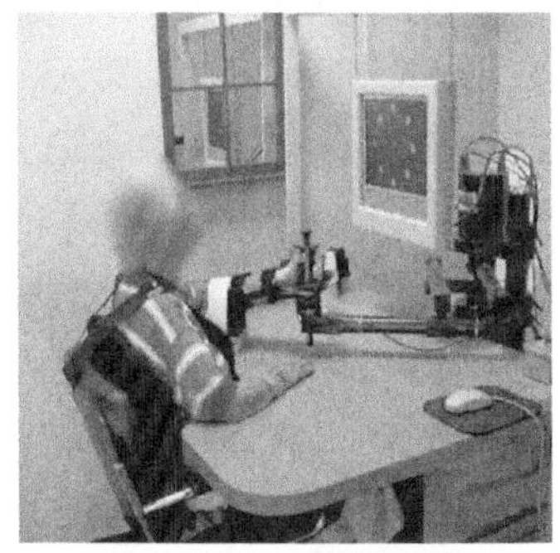
(a) MIT-Manus上肢康复机器人

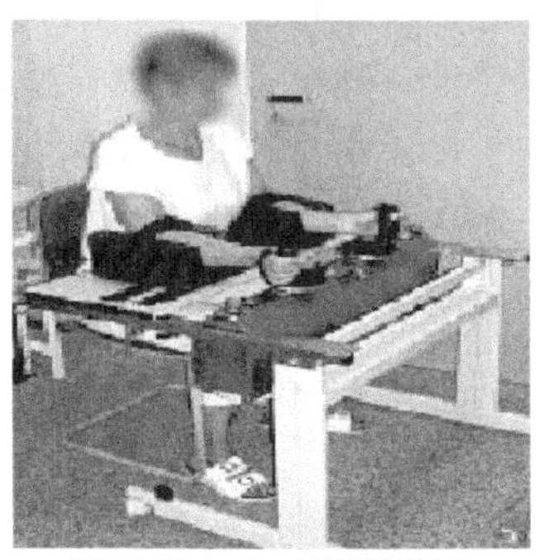
(b) Bi-Manu-Track训练机器人

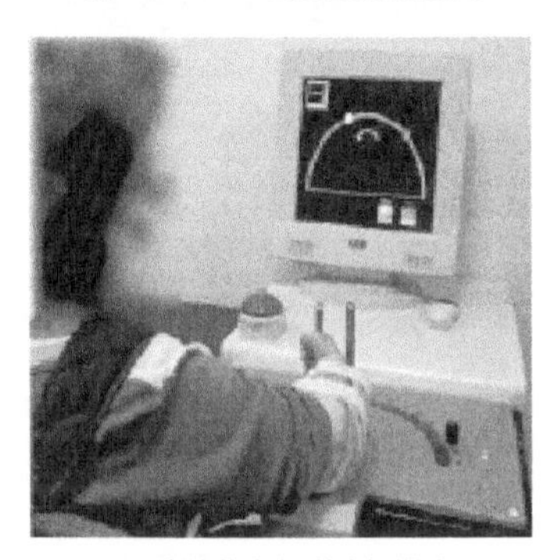
(c) 腕关节康复训练机器人

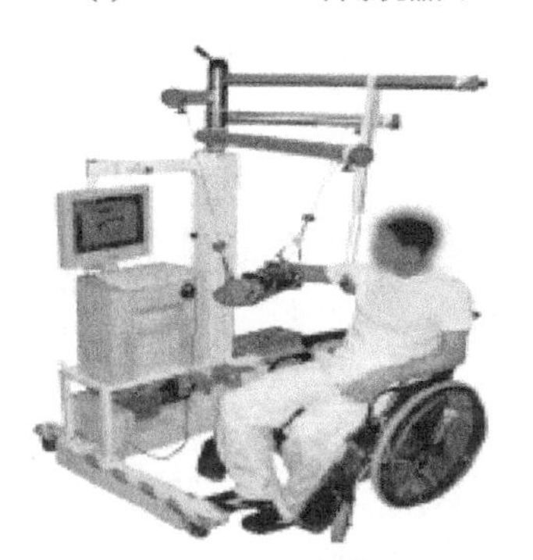
(d) NeReBot机器人

图 1.3　基于机构设计的末端导引式康复机器人

基于工业机器人系统的末端导引式康复机器人见图 1.4。图 1.4(a) 所示为斯坦福大学研制的上肢康复机器人系统（MIME），该系统由工业机器人和支撑双侧手臂的机构组成，具有被动、主动辅助、主动约束和双侧运动四种辅

(a) MIME机器人

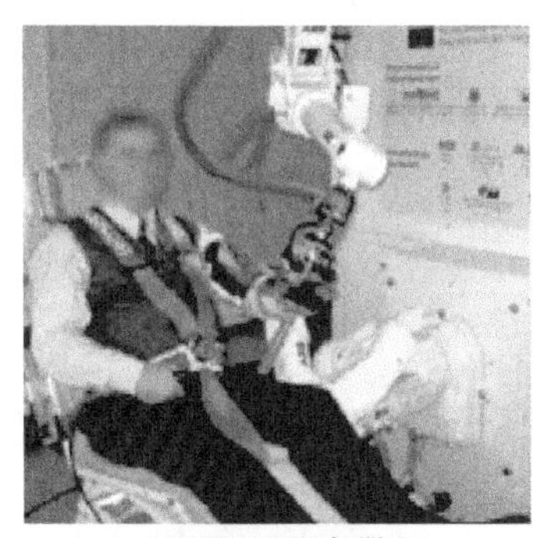
(b) REHAROB机器人

图 1.4　基于工业机器人系统的末端导引式康复机器人

助运动模式[25]。由于系统采用工业机器人进行驱动，所以与康复机器人相比，在输出力矩、速度和载荷方面存在一定差距。图 1.4(b) 所示为 Toth A 等开发的专为痉挛性偏瘫患者提供被动物理治疗的 REHAROB 机器人，该系统通过两个工业机器人来移动上臂和下臂，实现上肢的康复，并自动记录机器人末端随病人手臂运动的轨迹[26]。

在国内，图 1.5(a) 所示为清华大学设计开发的上肢复合运动康复训练机器人，机器人工作空间满足正常人体上肢运动范围，辅助患者上肢进行多关节、大运动幅度的复合运动，具有主动训练、被动训练、阻尼训练、助力训练四种模式，达到放松肌肉、促使大脑神经系统重塑目的[27]。图 1.5(b) 所示为哈尔滨工程大学研制的用于手臂康复的机器人系统，该系统基于单片机控制技术，通过两个把手同时带动患者左右手臂以不同运动模式进行训练，锻炼双手动作的协调性[28]。

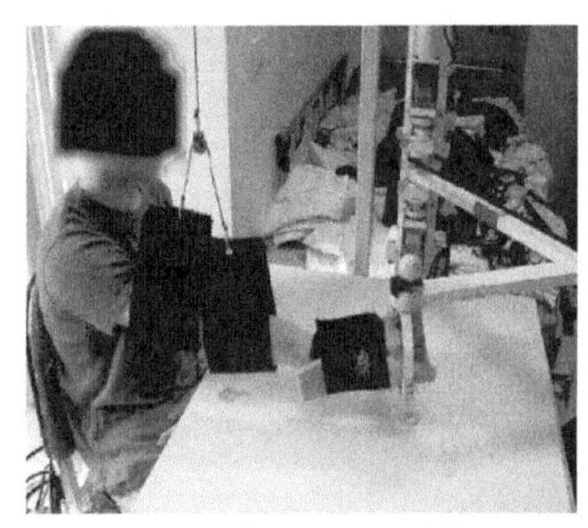
(a) 上肢复合运动实际训练

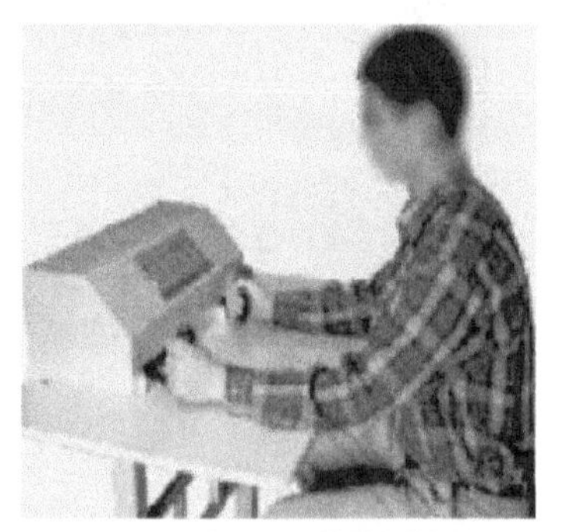
(b) 多功能双手臂康复器

图 1.5　国内末端导引式康复机器人

末端导引式上肢康复机器人不需要考虑人体肢体关节运动轴线与机器人各连接副运动轴线的重合问题，结构相对简单，穿戴方便。由于机器人仅仅对患者上臂、手进行约束，无相应的机械结构来控制患者各关节的运动幅度和各关节的施加力矩，导致在康复过程中可能存在过度拉伸患者肢体的可能，不能实现辅助患者进行上肢的随意运动易化训练，相较于外骨骼式上肢康复机器人，在康复训练形式上较为单一。

1.3.2 外骨骼式上肢康复机器人发展现状

外骨骼式上肢康复机器人是基于仿生学理论，结合医工多种交叉学科进行设计，服务于人体上肢运动功能康复训练的系统[29]。主要是帮助肢体偏瘫患者以及关节受到损伤的患者进行运动功能康复的系统，能够有效改善人体受伤组织或神经系统的恢复，使患者在日常生活中的运动功能不受影响[30]。康复机器人的结构与人体肢体的骨骼结构相仿，训练时，将患者肢体与康复机器人的对应部位捆绑在一起，康复机器人的连杆围绕对应关节摆动，通过控制机器人的运动轨迹，带动患肢以不同的运动姿态进行康复运动。目前外骨骼式康复机器人结构设计方法是康复机器人研究的热点问题之一，基于不同机械结构和康复原理，国内外众多科研和医疗机构相继开展了多种外骨骼式康复机器人的研究。

在国外，基于串联式结构的外骨骼式上肢康复机器人如图 1.6 所示。图 1.6(a)、(b) 所示为瑞士苏黎世联邦理工学院研制的外骨骼式上肢康复机器人（ARMin、ARMin Ⅱ）[31]，该系统由 4 个主动自由度、2 个被动自由度组成 6 自由度半外骨架结构，安装有位置和力/力矩传感器，完成三维运动空间内肘关节屈伸和肩关节运动，并具备多种康复运动训练模式。该系统具有低惯量、低摩擦、可反向驱动等特性。机器人能够在系统预定轨迹模式，按照事先设定好的运动轨迹引导患者肢体进行康复运动，并具有点到达以及引导力支

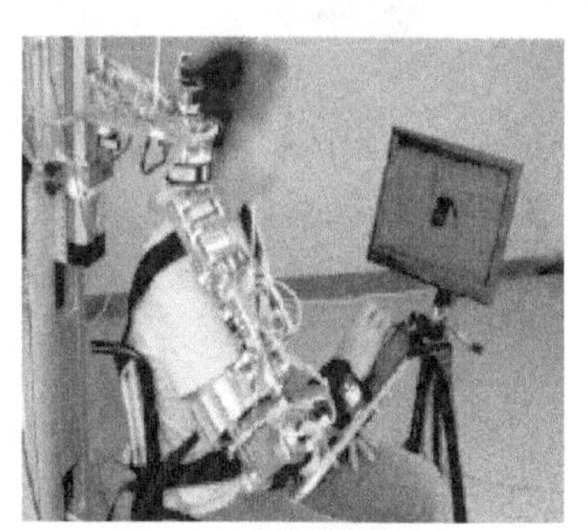

(a) ARMin机器人

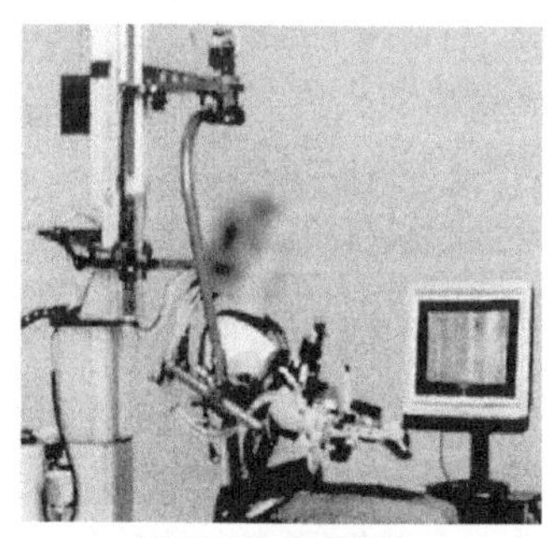

(b) ARMin Ⅱ机器人

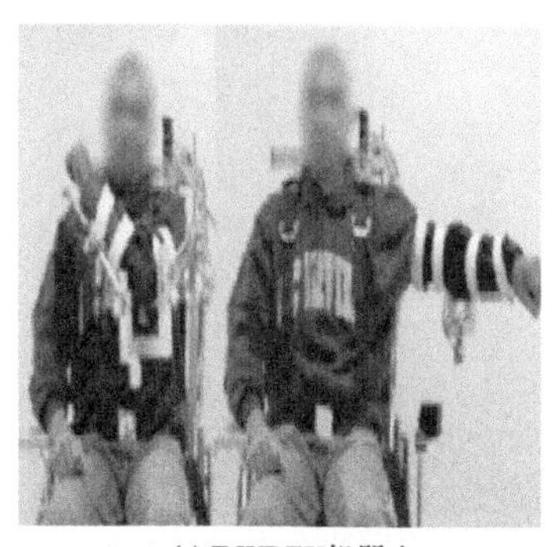

(c) T-WREX机器人

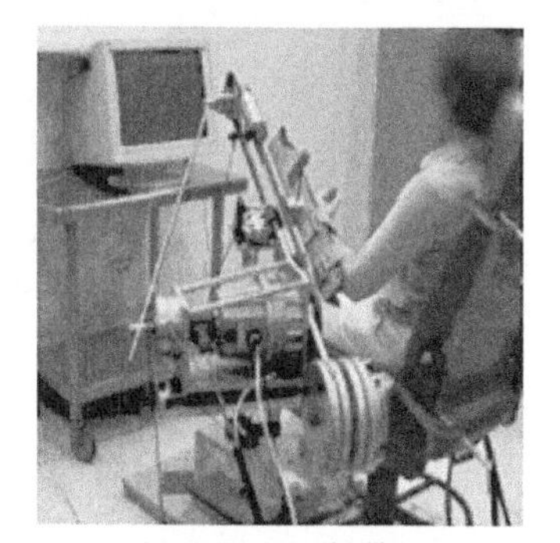

(d) ARM Guide机器人

图 1.6　基于串联式结构的上肢康复机器人

持两种康复训练模式[32]。图 1.6(c) 所示为瑞士 Hocoma 公司研制的外骨骼式上肢康复机器人（T-WREX)，该系统由一个手臂矫形器、一个检测手部握力的握力传感器和模拟上肢功能活动的软件组成。T-WREX 康复机器人装有位置传感器，并应用弹性带装置来抵消部分平衡手臂的重量。系统可与虚拟环境进行交互，通过游戏的方式进行康复训练[33]。图 1.6(d) 所示为美国芝加哥大学研制的上肢康复训练机器人（ARM Guide)，该系统能够实现直线往复式上肢康复训练，引导患肢沿康复机器人系统中机械轨道的方向进行往复式康复训练动作，并实时提取和检测患者肢体运动幅度和强度数据，对康复运动训练效果进行评估，为康复治疗师制订和优化康复治疗方案提供数据支持[34]。

基于气动驱动的外骨骼式上肢康复机器人如图 1.7 所示。图 1.7(a) 所示为英国索尔福德大学研制开发的 7 自由度气动肌肉驱动的上肢康复机器人，该机器人系统重量轻，驱动器采用气动肌肉进行设计，并通过行程限制以及气动肌肉具有柔性力输出的特性来保证康复训练的安全性。气动肌肉通过采用拮抗肌对的驱动方式实现关节的双向驱动[35]。图 1.7(b) 所示为美国亚利桑那州

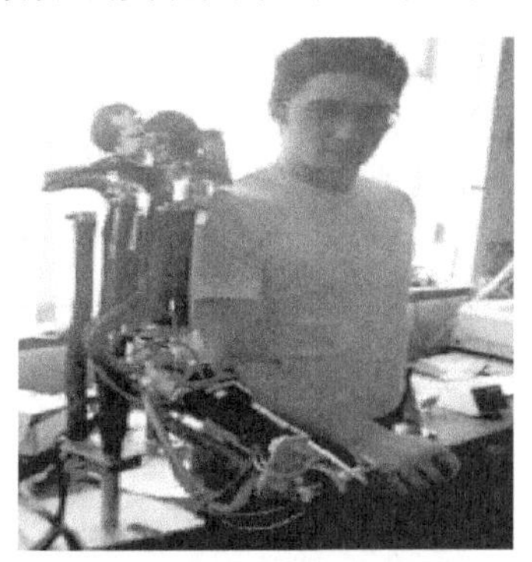

(a) 索尔福德大学康复机器人

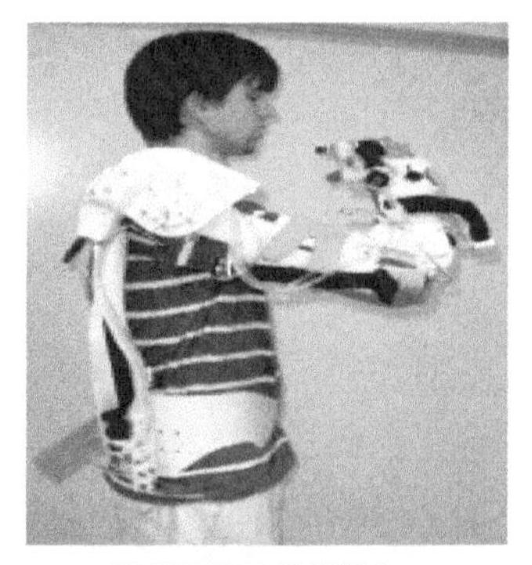

(b) RUPERT-Ⅰ机器人

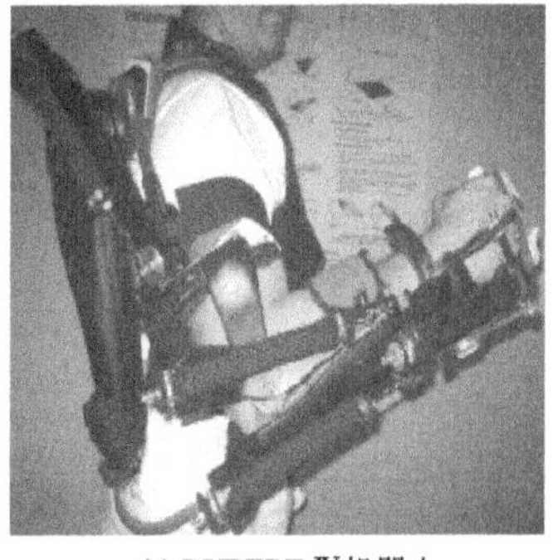

(c) RUPERT-Ⅳ机器人

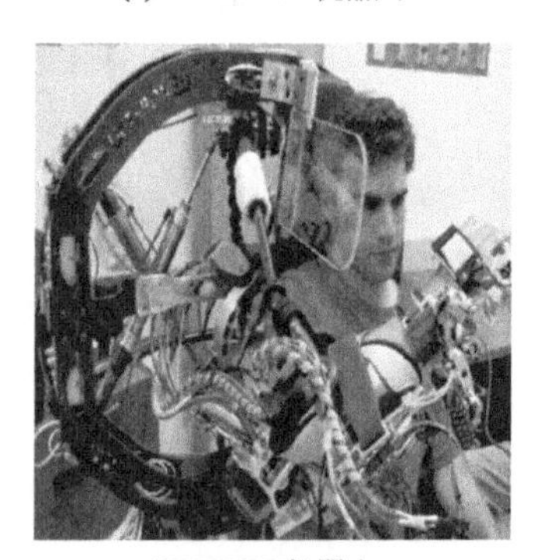

(d) BONES机器人

图 1.7　基于气动驱动的上肢康复机器人

立大学研制的第一代 RUPERT-Ⅰ康复机器人，机器人驱动器采用 McKibben 气动肌肉进行设计，实现肩关节伸/屈、肘关节伸/屈、前臂旋前/旋后、腕关节伸/屈四个自由度的主动运动。系统将倾角传感器安装在肩、肘和腕三个关节，用来检测其运动状态，辅助患者完成日常生活中的一些简单动作，保持和增强患者上肢的运动感知和机能，促进脑部中枢神经系统的恢复和重塑[36]。第二代 RUPERT-Ⅱ康复机器人中，每个旋转中心和连杆长度均能够根据不同患者的肢体数据进行调整，适用于 95%以上的患者使用。第四代 RUPERT-Ⅳ康复机器人如图 1.7(c) 所示，机器人系统中增加了肩关节的旋外自由度，以扩大康复机器人的工作空间[37]。图 1.7(d) 所示为华盛顿大学研制的 BONES 气动上肢康复机器人[38]，该机器人主要用于肘关节以及腕关节的康复训练，肩关节设计为球形关节，主要的驱动结构由两个 RRPS 连杆机构组成，上部和下部驱动连杆均由气缸进行驱动，并与肩关节的驱动结构分离。

基于绳索驱动的外骨骼式上肢康复机器人如图 1.8 所示。图 1.8(a) 所示为美国华盛顿大学研制的 CADEN-7 康复机器人，该系统具有 7 个自由度，采用绳索进行驱动，将前 4 个自由度的驱动电机放于基座上，能够提取正常人上

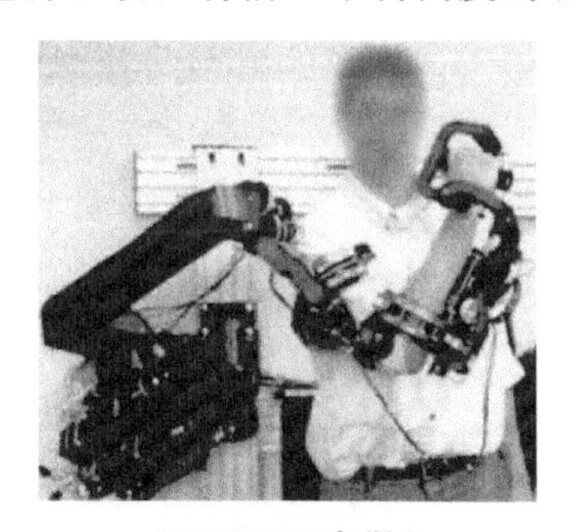

(a) CADEN-7机器人

(b) Dampace机器人

(c) CAREX机器人

(d) Armeo Power机器人

图 1.8　国外基于绳索驱动的上肢康复机器人

肢的运动学特征，完成对患者上肢的康复训练[39]。图 1.8(b) 所示为 Stienen A H 等开发的 Dampace 康复机器人，该系统肩部具有 3 个自由度，肘部有 1 个自由度，机器人结构相应轴线能够不与患者的肩、肘轴线对齐。机器人由于只提供被动训练，所以机器人允许肩膀和肘关节具有一定活动裕度，解决了传统设计方法中需将机器人外骨骼轴与人类肢体关节轴对齐的问题。当存在错位情况时，如果产生反作用力，机构能够在水平方向移动，直到产生的作用力消失。图 1.8(c) 所示为 Ying Mao 等研发的 CAREX 康复机器人[40,41]，它是第一个将多级电缆驱动并联结构用于外骨骼机器人设计中的机器人，电机驱动的绳索通过穿过多个连接到手臂部分的套管来驱动机器人。驱动器设计可确保在腕部施加所需训练力的同时，保持绳索的持续张力。图 1.8(d) 所示为瑞士研制生产的绳驱动的 Armeo Power 康复机器人[42]，该机器人各关节均采用绳索驱动，穿戴于患者肢体上，能够提供手臂的减重支持系统并进行训练，具有增强表现反馈以及康复运动评估功能，通过不断评估和反馈刺激，使人体患肢完成更高强度的自主运动康复训练，以保证患者在整个康复过程中始终保持高强度的康复训练，不断提升康复治疗效果[43]。

在国内，外骨骼式上肢康复机器人系统的研究和探索起步较晚[44]。近年来，随着技术的不断更新和进步，也逐渐研究开发出了各种上肢康复机器人系统的样机。图 1.9(a) 所示为哈尔滨工业大学设计开发的 5 自由度上肢康复机器人。系统通过电机直接驱动的方式实现上肢各关节的运动，可以辅助患者进行进食、提裤等简单日常动作[45]。图 1.9(b) 所示为南京理工大学开发的机器人，其上肢各关节均采用电机直接驱动的 4 自由度上肢康复机器人，能够实现辅助患者肩关节和肘关节的康复运动训练，并基于双重反馈控制方式，提高系统的安全性[46]。

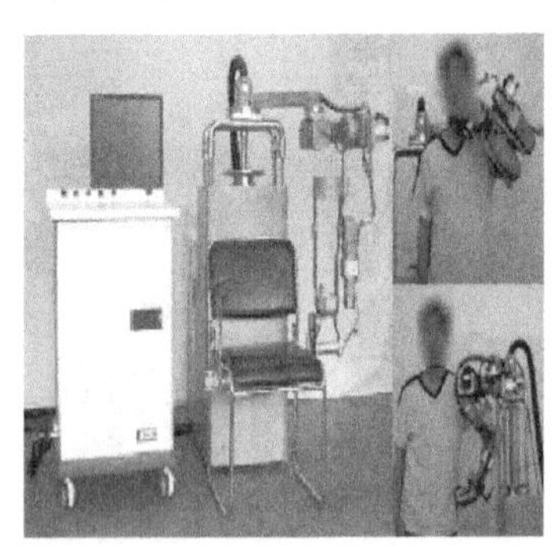

(a) 哈尔滨工业大学上肢康复机器人

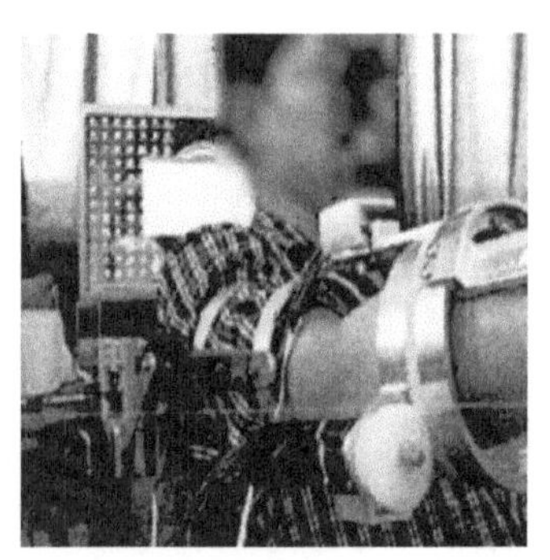

(b) 南京理工大学机器人

图 1.9　国内基于串联式结构的上肢康复机器人

图 1.10(a) 所示为华中科技大学设计开发的 3 自由度上肢康复机器人，采用气动肌肉驱动方式，基于气动肌肉-拮抗肌方式实现机器人单关节的双向运动，实现肩关节屈/伸和旋转以及肘关节屈/伸[47]。图 1.10(b) 所示为华中科技大学研制的基于气动肌肉驱动的上肢康复机器人系统，该机器人每个关节均采用气动肌肉双向驱动的方式，使患者上肢能够在 3D 空间中完成 3 个关节的康复运动[48]。

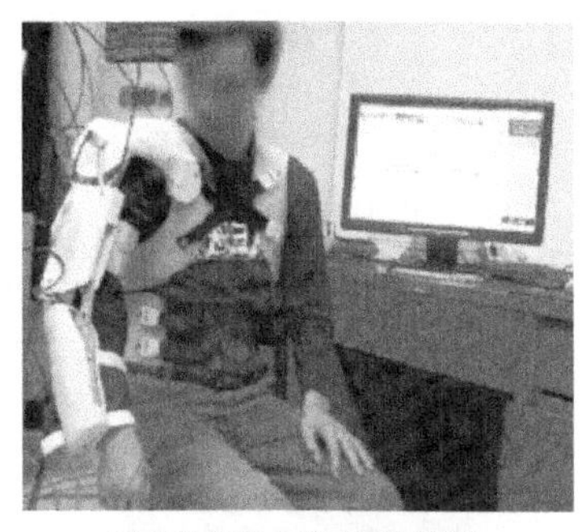

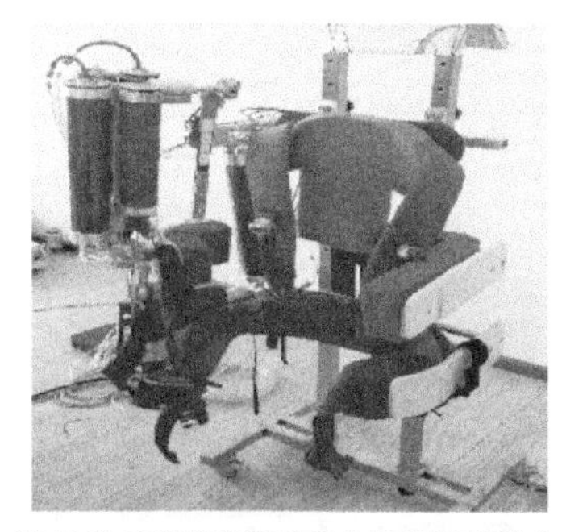

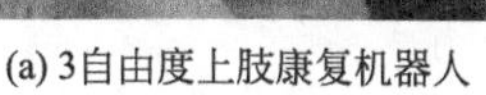

(a) 3自由度上肢康复机器人　　(b) 基于气动肌肉驱动的上肢康复机器人

图 1.10　华中科技大学的上肢康复机器人

图 1.11(a) 所示为东南大学设计的一种基于重力平衡的绳索驱动上肢外骨骼机器人系统，该系统肩关节采用自适应移动平台与绳索驱动相结合的方式设计，肩、肘关节均采用电机外置的绳索进行驱动，腕关节通过与电机直接连接的方式来驱动[49,50]。基于套索传动原理，将机器人电机驱动的能量通过远距离传递形式，传递到机器人所对应的各关节，实现肩关节伸/屈、外展/内收、旋内/旋外；肘关节伸/屈；前臂旋前/旋后。图 1.11(b) 所示为江苏大学研制的电机与绳索相结合的混合驱动上肢外骨骼康复机器人。系统采用电机与机器人本体结构相隔离的方式，有效降低机器人本体重量，实现患者 3 个关节的康复运动训练[51]。图 1.11(c) 所示为南京航空航天大学开发的 4 自由度绳索驱动上肢康复机器人。机器人关节采用绳索驱动方式，驱动电机后置于基座上并搭建张紧装置，防止绳索松弛并调整绳索的张力[52]。图 1.11(d) 所示为华南理工大学开发的基于轮椅的绳索驱动上肢机器人，该系统能够帮助残疾人完成一般夹取等简单的日常操作[53]。

综上所述，国内对外骨骼式上肢康复机器人的研究起步相对较晚，在康复训练方面缺乏足够的临床试验，自动化程度相对较低，临床产业化的应用还需进一步提升。国内各高校及科研院所设计开发的外骨骼式上肢康复机器人，大部分机构可实现肩关节屈/伸、旋内/旋外，或配合康复机器人其他关节进行运

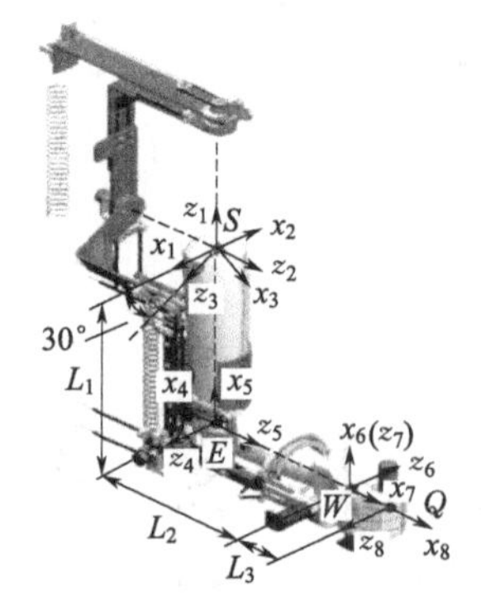

(a) 东南大学机器人

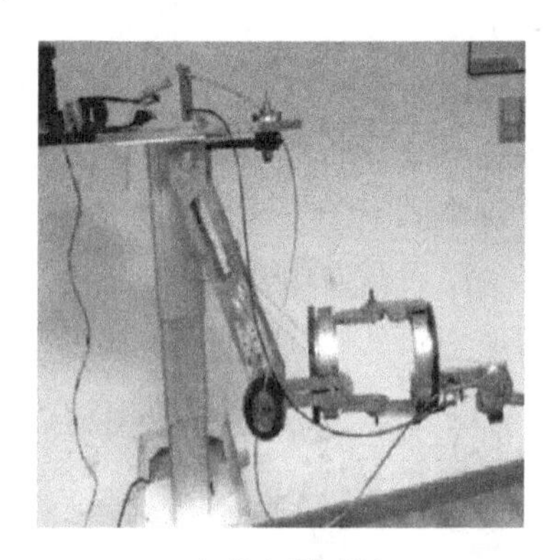

(b) 江苏大学机器人

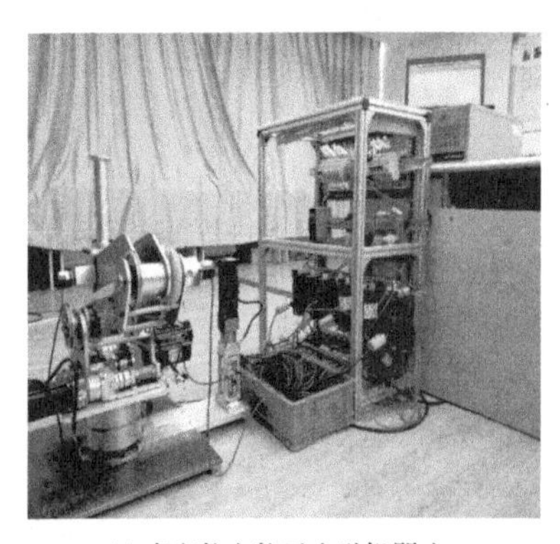

(c) 南京航空航天大学机器人

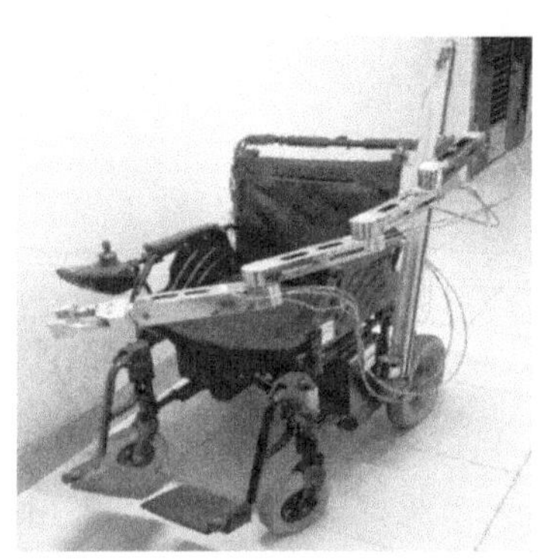

(d) 华南理工大学机器人

图 1.11 国内基于绳索驱动的上肢康复机器人

动，或单独实现人体上肢中某一特定关节的康复运动训练。目前能够完全实现上肢各关节运动康复训练的外骨骼康复机构较少。从机器人构型设计来看，目前存在的上肢外骨骼康复机器人结构多为串联机构或并联机构中的一种。对同时具备串联机构与并联机构的混联柔性机构的构型设计和其运动学分析较少。

1.4 上肢康复机器人控制策略研究现状

近年来，随着计算机技术、机械工程技术以及医学的发展，康复机器人的控制技术也取得了长足进步。患者在进行康复训练的过程中，康复机器人会根据患者肢体的运动能力、所处的康复阶段，选择适宜的运动康复控制策略，并提供主动或者被动的多种康复训练模式。患者依据已规划好的康复机器人运动轨迹进行康复训练。针对康复机器人康复训练任务的控制，国内外众多专家学者以及机构对其展开了大量研究。典型的控制方法有 PID 控制[54]、计算转矩控制[55]、阻抗控制[56] 等传统的康复机器人控制策略，也有迭代学习控制、模糊控制、RBF（Radial Basis Function，径向基函数）神经网络等多种现代智能控制策略。

（1）传统控制策略

Yu 等根据人体阻抗特性基于无模型 PID 导纳控制方法，将上层 PID 导纳控制和下层线性 PID 控制都放在任务空间中，通过任务空间的稳定性分析，给出半全局渐近稳定的充分条件，最终完成外骨骼机器人的控制[57]。Rahman 等基于修正的 D-H 参数法，建立了 7 自由度外骨骼式上肢康复机器人运动学模型，采用非线性计算转矩控制技术，对控制器的轨迹跟踪性能进行了评估[58]。由于系统在计算转矩过程中需要明确模型的准确信息，所以系统存在非线性时控制精度不易保证。Khan 等基于模型参数的自适应阻抗控制算法，实现了 7 自由度外骨骼式上肢康复机器人的轨迹跟踪预测，并验证了控制算法的有效性[59]。

（2）迭代学习控制策略

Balasubramanian 等针对 RUPERT 上肢康复机器人被动重复训练任务，提出了一种基于 PID 与反馈迭代学习的闭环控制器，所设计的控制系统克服了被控设备的高度非线性特性，能够适应不同的对象来执行不同的任务[60]。Li 等提出了一种基于模糊逼近的人体上肢外骨骼自适应反步控制方法，跟踪任何连续的期望轨迹，并利用迭代学习方法来补偿未知的时变周期性干扰，解决机器人跟踪任意运动轨迹时存在系统参数不确定等问题[61]。Li 等提出了一种应用于串联弹性康复机器人的迭代学习阻抗控制方法，控制目标是以迭代方式实现期望的阻抗模型，该方法既适合患者治疗过程中任务的重复性，又保证了机器人的瞬态性能，并通过 Lyapunov 方法证明了系统的稳定性[62]。Zhu 等针对脑卒中患者主动训练阶段的非参数不确定性问题，基于非线性迭代学习理论，提出了一种双迭代补偿学习控制方法。通过引入一类饱和非线性函数来满足位置约束要求，然后针对初始定位误差，设计参考轨迹自修正策略。设计迭代补偿控制器，为患肢提供合适的功率补偿，并不断更新迭代学习控制器的参数[63]。

（3）滑模控制策略

Mushage 等将具有动态高增益矩阵的状态观测器与非线性动力学的模糊神经网络相结合，提出了一种基于趋近律的模糊自适应滑模控制方法，用于被动康复治疗的五自由度上肢外骨骼机器人的控制[64]。Madani 等提出了一种应用于上肢外骨骼铰接系统的快速终端滑模控制方法，该控制器假设某些有界性的参数已知，其余的模型参数均为未知，并采用 Lyapunov 方法保证系统的闭环稳定性[65]。

通过分析，上肢康复机器人的被动控制策略是偏瘫患者自身无法进行运动，需借助机器人引导来完成相关康复训练任务。主动控制策略是偏瘫患者自身已具备一定的活动能力，患者能够主动去完成相关的康复训练动作，机器人起跟随运动作用。针对患者上肢不同的康复要求，基于不同的控制策略，开发能够满足上肢康复训练的机器人。由于上肢康复运动的不同阶段具有不同的运动特性，因此，需要针对不同运动特性匹配相应的控制系统。同时，上肢康复机器人系统是一种多输入多输出的复杂非线性系统，控制系统的发展趋向于复合控制策略，可通过混合使用不同控制方法来满足机器人系统的应用需求。上肢康复机器人控制流程及特点如图 1.12 所示。

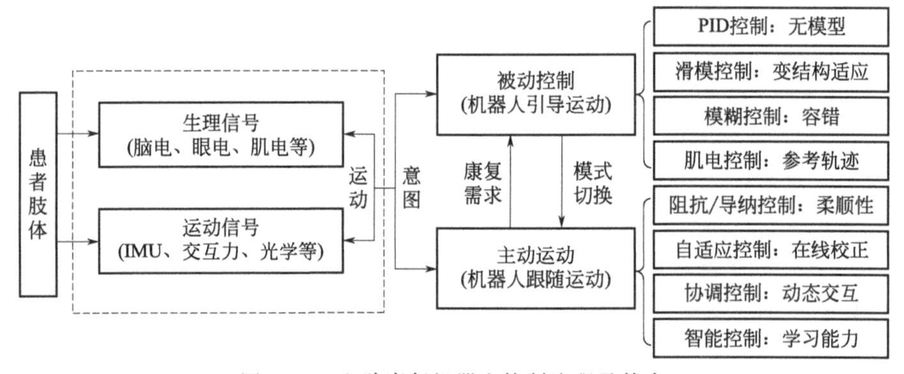

图 1.12 上肢康复机器人控制流程及特点

1.5 本书的主要内容

针对传统康复机器人机械结构复杂、柔顺性不足等问题，结合绳索驱动机器人重量轻、功耗低、柔顺性好等优点，提出了一种以绳索传动为主，“绳索＋齿形带”的广义绳索驱动结构设计方法，设计开发了 6 自由度可穿戴式上肢外骨骼康复机器人，结构采用绳索驱动、串并联相结合的方式实现脑卒中偏瘫患者的中期半主动康复训练和后期主动康复训练，能够牵引有运动功能障碍的上肢实现多个关节且活动范围与幅度较大的运动训练。本书从机器人系统结构设计、运动学与动力学分析、轨迹规划、并联机构分析以及控制系统设计和实验研究等方面开展工作。本书内容整体框架如图 1.13 所示。主要研究内容如下：

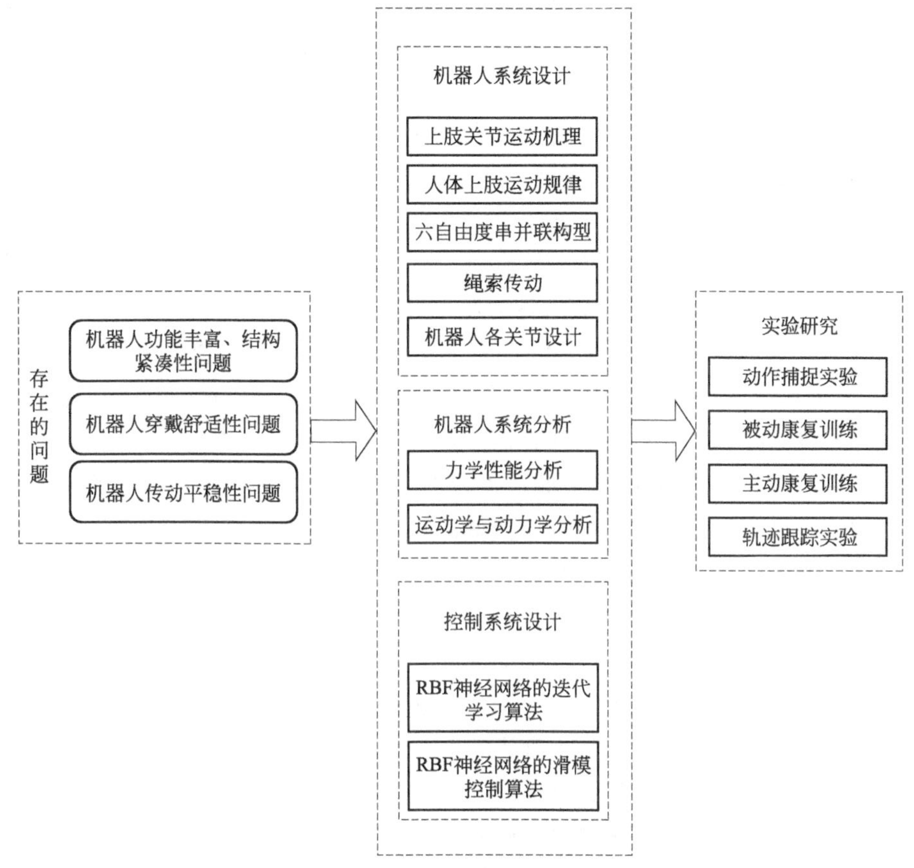

图 1.13　本书内容整体框架示意图

第 1 章　绪论。简要阐述脑卒中形成原因以及运动康复与脑功能重塑的相互关系，指出人体上肢功能康复运动训练与脑可塑性功能重组之间的必要联系。基于 Brunnstrom 六阶段理论，探讨脑卒中发病后患者在不同时期的康复训练方法。通过对临床康复训练方法和基于康复机器人的康复训练方法进行分析，为上肢康复机器人结构设计方法的提出以及上肢康复机器人系统的建立提供医学理论指导。介绍了上肢康复机器人国内与国外研究现状，并基于结构形式、驱动特点和康复运动训练模式进行归纳与总结，分析机器人技术难点与局限性。

第 2 章　人体上肢关节运动分析及机器人结构设计。通过分析人体上肢的解剖学和运动学特征，研究人体上肢肩关节、肘关节和腕关节的主要骨骼和肌肉组成及各关节的运动和范围。基于 Qualisys 三维动作捕捉系统完成上肢各关节的运动采集，得到各关节运动数据。提出一种以绳索传动为主、“绳索+齿形带”的广义绳索驱动结构，并对上肢各关节结构进行了详细研究，完成上肢康复机器人整体结构设计。

第 3 章　上肢康复机器人运动学与动力学分析。基于 D-H 参数法建立上肢康复机器人本体 D-H 参数模型，并根据空间坐标向量之间的平移、旋转关系，对运动序列建模分析正向运动学，求解逆向运动学。然后，运用蒙特卡罗法通过随机抽样方法生成各关节角度值，完成康复机器人执行机构运动空间的求解，得到可穿戴式上肢康复机器人的工作空间。最后，基于 ADAMS 仿真软件对机器人的运动学与动力学进行仿真，得到各关节扭矩变换曲线、末端角速度/角加速度曲线、各关节扭矩和角度变化曲线，验证所设计的上肢康复机器人结构的合理性。基于运动学分析结果，提出五次多项式函数关节空间轨迹规划方法，并基于 Matlab 对上肢提拉抬肘运动进行轨迹规划仿真，验证康复运动过程中的运动能力，为患者选择最优康复训练路径提供参考。

第 4 章　绳索驱动腕部柔性并联机构力学性能分析。针对腕关节柔性并联机构支撑弹簧具有侧向弯曲特性，在充分考虑弹簧轴向柔性振动和径向柔性振动以及考虑弹簧轴向位移和柔性振动两种工况下，提出一种有限转动张量和力与力矩平衡方程相结合的方法，分别构建腕关节柔性并联机构参数模型，并对柔性并联机构的逆运动学与静力学进行分析，将作用在动平台上的外力等效为动平台中心的矢量力和力矩，基于力和力矩平衡条件，结合压缩弹簧侧向弯曲方程，得到运动学和静力学联合求解的非线性方程组，并对弹簧小挠度下的机构模型进行分析，将分析结果作为非线性方程组初始值，最终完成 0°～75°下各绳索长度和拉力的数值求解。通过仿真分析，验证机器人结构的合理性和分析方法的正确性。

第 5 章　上肢康复机器人控制系统设计。针对脑卒中偏瘫患者的被动康复训练轨迹跟踪问题，利用单隐层的前馈神经网络，提出一种基于 RBF 神经网络的迭代学习方法，用以提高系统的跟踪性能，加速轨迹跟踪误差的收敛速度。针对痉挛期的偏瘫患者进行康复训练时，患者会不受控地产生肌肉痉挛，给机器人系统带来一定的扰动，提出一种基于 RBF 网络参数的滑模控制方法，采用单个参数来代替神经网络的权值，实现基于单参数估计的自适应控制，利用神经网络自适应地逼近系统不确定性的未知上界，克服传统滑模控制对系统未知上界的要求，削弱抖振，提高系统的稳定性。为了进一步提高患者的安全性和康复训练的有效性，将三维动作捕捉系统与sEMG信号相结合，建立适用于痉挛期患者的上肢骨骼肌肉模型，规划最适合患者的训练轨迹，保证康复训练的高效性和安全性。

第6章　上肢康复机器人样机研制及实验研究。搭建可穿戴式上肢康复机器人系统，并基于Qualisys运动捕捉系统外部实时测量实验平台，完成上肢康复机器人腕关节自主运动和穿戴后生理运动空间实验。基于可穿戴式上肢康复机器人系统完成被动康复训练、主动康复训练以及示教学习实验，设计了5种康复训练动作，表明研究的可穿戴式上肢康复机器人可以实现上肢关节的主动、被动和示教康复训练，满足不同康复阶段患者的康复训练需求。偏瘫患者在上肢运动康复中，根据所处康复阶段的不同，选择最优康复训练路径，综合实验性能指标验证所提出理论和方法的正确性。

第2章

人体上肢关节运动分析及机器人结构设计

2.1 人体上肢解剖学分析及数据采集

2.2 上肢康复机器人各关节结构设计

2.3 上肢康复机器人总体结构

2.4 本章小结

本章从人体上肢解剖学和运动学特性出发，分析依靠机器人进行辅助运动的康复机理及上肢关节运动特性，讨论各关节能实现的运动及其范围。通过三维动作捕捉系统完成上肢各关节的运动采集，得到各关节运动数据。基于最优康复训练路径思想，提出一种以绳索传动为主、“绳索＋齿形带”广义绳索驱动的整体结构设计方法，设计绳索驱动、串并联相结合的 6 自由度可穿戴式上肢外骨骼康复机器人。对康复机器人肩关节、肘关节和腕关节运动模块以及绳索驱动模块的机械结构进行详细研究，使得外骨骼结构轻巧、穿戴方便、操作柔顺，同时保证柔性外骨骼康复机器人的舒适性和安全性。

2.1 人体上肢解剖学分析及数据采集

人体是一个具有多种复杂功能和统一协调的系统，其正常运转需要人体各运动组成部件协调运行来实现。从机器人机构学角度出发，人体可以看作是一个多体运动系统，主要运动形式为关节运动，而关节运动主要依靠骨、关节和骨骼肌等[66]。全身骨骼通过各关节的有序连接构成人体的整体框架，骨骼肌附着于关节两端的骨面上，通过肌肉的伸缩与舒张来带动人体各关节进行运动。在运动过程中，骨骼作为人体的支架起着支撑人体重量、保持人体姿态、保护内脏等作用，类似于机构中的基座与连杆，起到杠杆的作用；关节是骨与骨之间的连结，类似于机构中的运动副，起到枢纽的作用；骨骼肌跨过关节附着于骨骼上，通过骨骼肌的收缩力为人体运动提供动力，类似于机构中的驱动电机，牵引骨骼围绕关节产生相应运动。骨骼肌是人体运动的主动部分，骨与关节则是人体运动的被动部分[67]，在神经系统的支配下与其他各系统进行配合，使人体在空间产生位置变化和使人体各部分位置产生变化。

人体上肢单侧包含 32 块骨骼和 34 个肌肉群，各个关节运动存在复杂的耦合关系[68]。从结构上看，上肢主要运动部分由肩关节、上臂、肘关节、前臂、腕关节和手掌构成。人体上肢绝大多数运动都需要肩关节运动来实现，肘关节实现下臂的屈/伸运动和自旋运动，腕关节实现手掌以及手指运动。

2.1.1 肩关节分析

人们日常生活中的大部分动作都是通过人体上肢的运动来完成的，例如饮食、拿东西、摸头、室内清洁等，上肢运动功能损伤对患者日常生活有很大影响。研究表明，对偏瘫患者的肩关节进行合理且适量的康复运动训练，能够在一定程度上促进患者肩部关节肌肉功能的重塑，对肩关节的一些基本运动功能进行恢复[69]。肩关节康复运动机构需要与人体肩关节进行相互协调，实现人体患肢运动康复训练任务。在进行康复训练过程中，肩关节康复运动机构需要与人体患肢进行紧密配合，实现人机协同作业，避免在康复运动过程中给患者肢体带来二次损伤。

从解剖学角度出发，肩关节作为人体关节中运动最灵活、最复杂的结构之一，由肱骨头与肩胛骨的关节盂构成，是典型的球窝关节，分别围绕三个相互垂直的轴转动[70]。肩关节是一个复合体结构，关节盂的边缘覆盖有比较浅的盂唇；关节囊结构薄且比较松弛，关节囊内有肱二头肌长头腱通过；关节囊外附有喙肱韧带、喙肩韧带及肌腱，用来对关节囊进行加强以保证其稳固性。人体上肢在运动过程中肌肉存在特定的形态结构，肌肉内部存在血管神经，这些骨骼肌为肩关节的运动提供动力的同时使肩关节运动的稳定性得以保证[71]。肩关节复合体及关节生理结构如图 2.1 所示。通过对肩关节的生理结构特性分析可知，肩关节由肩带关节的内关节和代表肩胛骨关节的外关节组成[72]。肩部运动（肩部屈/伸运动、肩部外展/内收运动、肩部旋内/旋外运动、肩胛回缩/前伸运动和肩胛抬升/下降运动）主要是肩锁关节的运动，而胸锁关节、盂肱关节和肩胛胸壁关节辅助其作用。肩胛回缩前伸运动、肩胛抬升下降运动属于肩脚部的运动，其对生活辅助影响不大，所以一般忽略肩脚部的运动而只考虑肩部外展/内收、肩部旋内/旋外和肩部屈/伸三个自由度的运动。

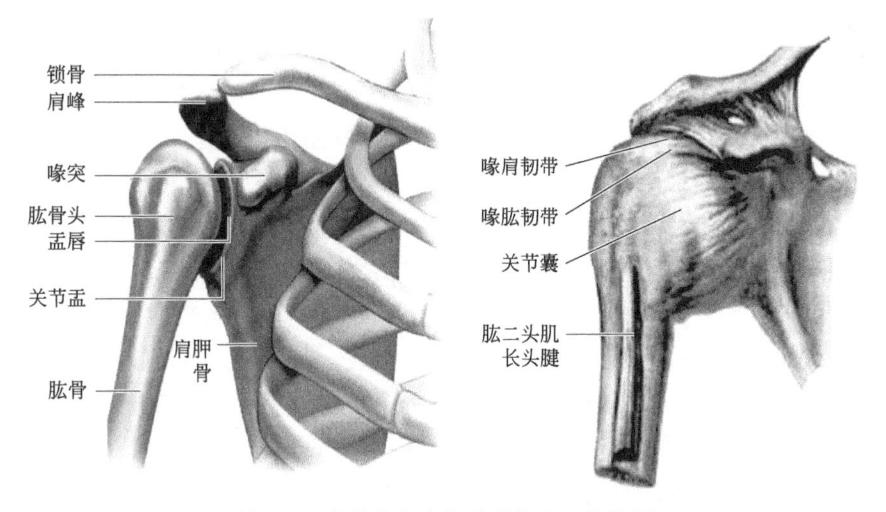

图 2.1　肩关节复合体及关节生理结构图

肩关节的屈/伸最大角度范围为 135°，外展/内收为 135°，旋内/旋外为 110°，肩关节的运动范围较大[73]。同时，由于肩关节的 3 个转动副处于人体上肢运动支链的起始端，人体手部的操作空间受肩关节运动的影响最大。其中固定肩关节任意一个自由度都会使手部功能受到影响，使日常生活操作受到影响，因此肩关节在结构设计过程中 3 个自由度都予以保留[74]。肩关节运动范围如图 2.2 所示。

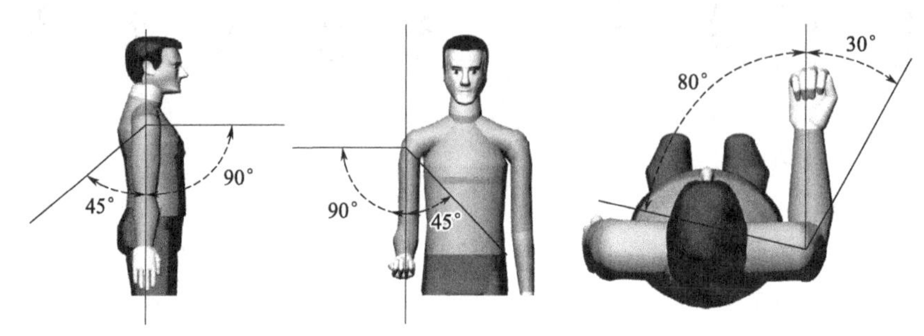

图 2.2 肩关节运动范围

2.1.2 肘关节分析

肘关节作为最重要的连接关节之一，起到连接上臂和前臂部分的作用，肘与前臂复合体包括三块骨头与四个关节。肘由肱尺关节与肱桡关节构成。肘部的关节囊将肱尺关节、肱桡关节以及桡尺近端关节包围起来。围绕这些关节的关节囊非常薄，并且在关节囊用倾斜的纤维组织束加固，侧副韧带强化肘部的关节囊，这些韧带为肘关节提供稳定性。肘的弯曲与伸展运动提供了调节上肢工作距离的一种方法，在诸如进食、伸臂、投掷以及个人清洁中发挥作用。桡骨与尺骨在前臂内通过桡尺近端关节与远端关节处相连。这组关节连接手掌，可以旋内与旋外，而无需肩部运动。旋内与旋外可以与肘的弯曲和伸展共同实现，也可以独立于肘的弯曲与伸展而实现。肘与前臂关节的配合大大提高了手的有效活动范围。肘关节复合体及关节生理结构如图 2.3 所示。

肘关节主要为滑车式关节，通过软骨之间相对运动来实现肘关节运动。上肢的屈/伸动作依赖肘关节完成，肘关节包括屈/伸以及前臂的旋内/旋外 2 个自由度[75]。人体上肢完成日常活动时肘关节的屈/伸最大角度范围为 135°，前臂的旋内/旋外为 90°，运动范围大。但是将前臂的旋内/旋外自由度进行固定时，肩关节的旋内/旋外运动几乎没有[76]。同时，基于运动机构自由度的冗余问题，在分析肩关节运动时，已经充分考虑了上肢旋内/旋外的运动，为了控

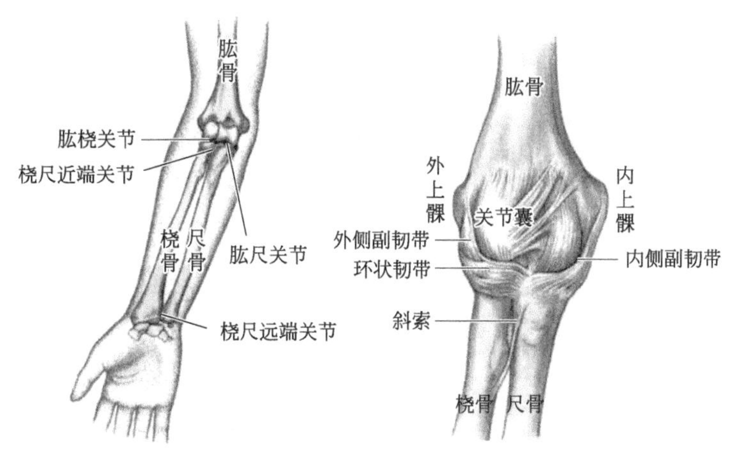

图 2.3 肘关节复合体及关节生理结构图

制的方便性以及机器人结构的稳定性，认为前臂的旋内/旋外是固定在肩关节一起运动的，从而将肩关节的旋内/旋外自由度设计成最大角度范围为 110°。所以可以将肘关节的屈/伸运动等效为单关节运动副。肘关节运动范围如图 2.4 所示。

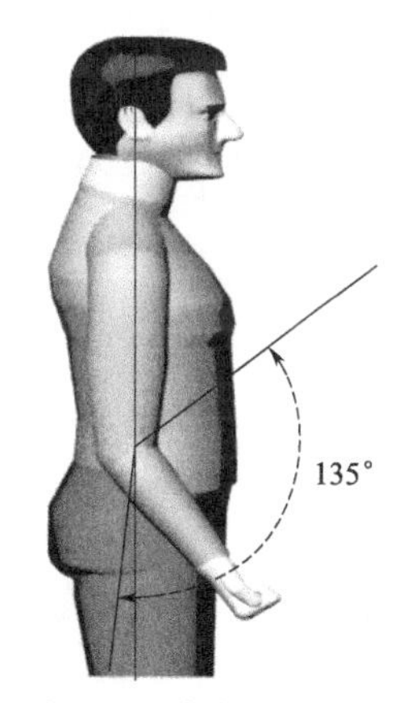

图 2.4 肘关节运动范围

2.1.3 腕关节分析

腕关节是人体较小的关节之一，腕部由 8 块腕骨作为一个整体结构来充当前臂和手之间的功能性“垫片”。腕关节中有许多小的腕骨间关节，此外，腕部存在的两个主要关节为：桡腕关节和腕骨间关节[77]。桡腕关节位于桡骨远端与近排腕骨之间；位于该关节远端的是腕骨间关节，通过腕骨间关节将近端和远端的腕骨连接起来。实现腕部关节的弯曲和伸展，同时允许腕部在外展和内收的运动中从一侧移动到另一侧。腕骨的近端和远端之间是腕中关节，附近的桡尺远端关节由于其在旋前和旋后中的作用而被认为是前臂复合体而非腕部的一部分。

腕关节具有屈/伸和外展/内收 2 个自由度，当这 2 个自由度与围绕前臂长轴进行的旋前和旋后运动相结合后，腕关节增加了一个第 3 自由度（被动屈曲和伸展运动）[78]。由于康复训练中对于腕关节的牵引并不需要很大的力，被动屈曲和伸展运动的幅值很小，在康复训练过程中可通过其他 2 个自由度的运动来对手腕进行较为充分的训练[79]。为简化机械结构，腕关节康复机构通常忽略第 3 个自由度。由于腕掌侧的韧带韧性较大，腕关节在进行后伸运动时会受到一定的限制，另外，桡骨茎突低，在外展时与大多角骨进行抵接，因此，腕关节外展的幅度比内收的幅度要小很多[80]。在人体上肢完成日常活动时，其屈/伸最大运动角度为 150°，外展/内收为 50°。腕关节复合体和腕关节运动自由度如图 2.5、图 2.6 所示。

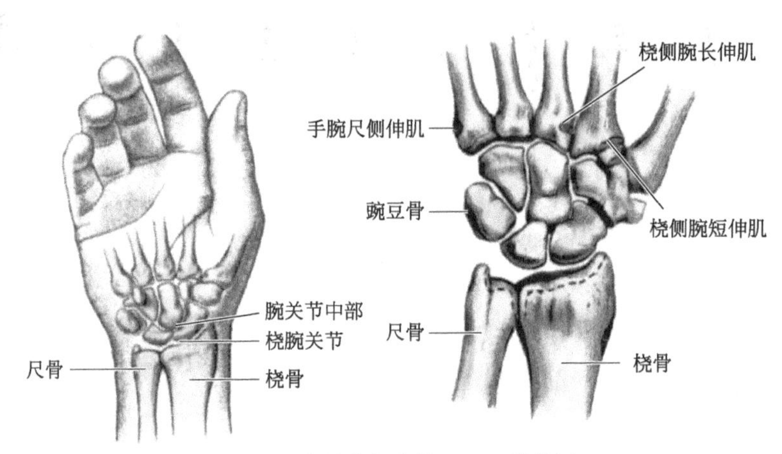

图 2.5　腕关节复合体及生理结构图

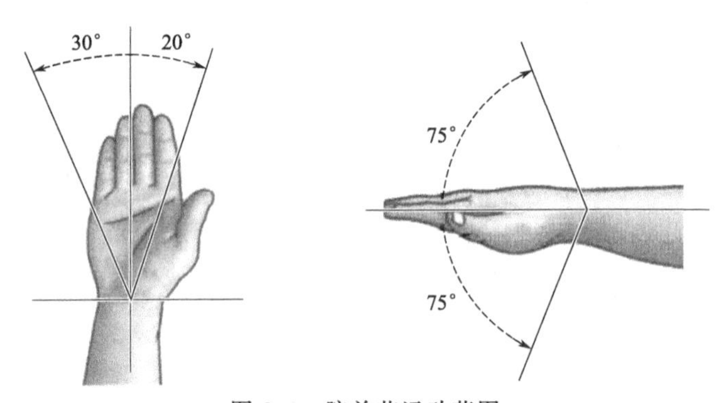

图 2.6　腕关节运动范围

2.1.4　人体上肢运动数据采集

脑卒中患者发生脑卒中疾病以后需要康复训练治疗，一般包括日常生活训练、步行、上肢及手功能训练等。目前的康复训练动作主要根据人体日常生活活动（Activities of Daily Living，ADL）动作来制订。上肢康复机器人的使用对象是脑卒中偏瘫患者，人体 ADL 运动参数的研究以及各关节的运动分析是上肢康复机器人设计和优化的前提。上肢日常活动中的关节运动范围、关节角度是上肢康复运动动作的依据，也是康复机器人设计的理论依据。

本书采用瑞典 Qualisys 公司生产的 Motion Analysis 动作捕捉系统，属于光学式(红外光）动作捕捉系统。利用高速红外摄像机捕捉目标物体上反光点的运动轨迹，从而反映目标物体在空间中的运动情况。系统由摄像机、运动捕捉分析软件、信息获取单元、校准设备、标记球和三脚架等组成。高速红外摄像机拍摄频率可达 10000Hz，能精确捕捉运动物体的轨迹，并进行数据分析。该系统在人体运动科学研究、康复医疗、体育教育和运动训练等多个领域得到广泛应用。通过 Qualisys 三维动作捕捉系统，完成上肢各关节的运动采集，得到各关节运动数据，为上肢康复机器人结构设计方法的提出提供理论依据，为偏瘫患者在康复训练过程中最优康复训练路径的选择提供基础。上肢动捕数据采集流程如图 2.7 所示。

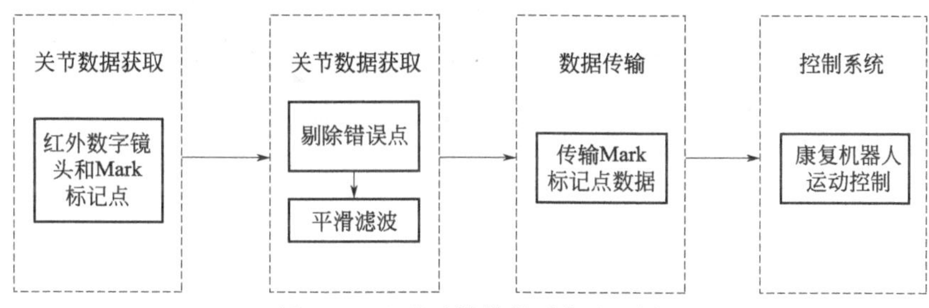

图 2.7　上肢动捕数据采集流程图

Qualisys 三维动作捕捉系统采用 4 组摄像机镜头对人体上肢各关节的动作进行捕捉。高速摄像机像素为 2MP，分辨率为 1824×1088，3D 模式分辨率为 0.11mm，帧率为 340fps，最大捕捉距离为 15m，相机尺寸为 140mm×87mm×84mm。通过运动捕捉采集运动数据来对运动规律进行分析，所得出的数据对分析上肢运动规律起到佐证作用。Qualisys 动作捕捉摄像机及标记球如图 2.8 所示。

图 2.8　Qualisys 动作捕捉摄像机及标记球

人体上肢运动数据采集是通过多个运动捕捉相机来捕捉粘贴在人体上肢的标记球的轨迹，以此计算各关节转角。运动捕捉系统的搭建需保证捕捉相机平台实时保持在合适的视野范围内，保证人体在捕捉平台任意位置，身上的标记点至少能被两个相机看到。数据采集前在肩关节、肘关节、腕关节粘贴 Marker 标记球，分别对各关节进行数据采集。实验过程中，受试者采用坐姿方式，在两腿与肩等宽状态下完成 6 种动作，包括肩关节的屈/伸运动、内收/外展运动以及旋内/旋外运动；肘关节的屈/伸运动；腕关节的屈/伸运动、外展/内收运动。数据采集完整程度为 100%，所以无需进行缺失数据的补齐工作，通过对数据进行处理，排除明显噪声数据，得到上肢各关节的运动角度。实际运动捕捉采集如图 2.9 所示。

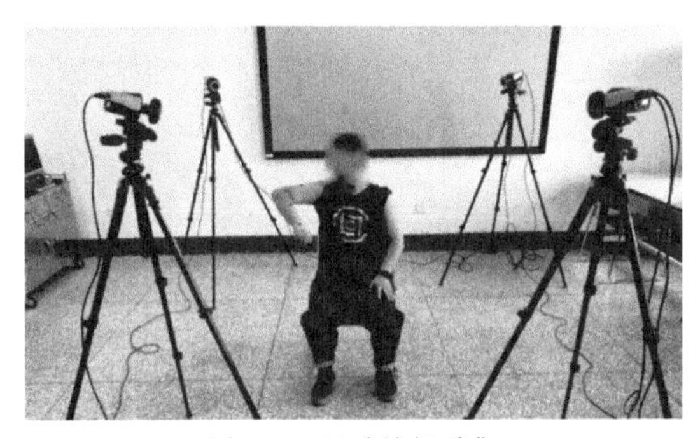

图 2.9 运动捕捉采集

与硬件系统配套是 QTM（Qualisys Track Manager）三维运动采集分析软件，能够提供实时的标定及采集工作环境。可自动对粘贴在上肢的标记球进行侦测、记录及识别。实时显示每个镜头覆盖区域及图像，实时进行数据捕捉，计算/输出标记点的速度、位置信息。每进行一组实验，都需要在被试者身体相关位置粘贴 Marker 标记球，实验结束后则需对所有的标记球进行识别，对其进行命名以及创建骨骼棍图，确定 Marker 标记球位置并建立相对关系，生成 AIM 模型。最后，将所选数据通过曲线图形式显示出来。运动捕捉分析软件界面如图 2.10 所示。

肩关节屈/伸运动角度捕捉数据如图 2.11 所示。肩关节以 5s/周期进行屈/伸运动数据采集，进行 15s。通过数据处理，结果显示肩关节极度伸直状态角度为 90°，完全屈曲状态角度为 170°。

肩关节内收/外展运动角度捕捉数据如图 2.12 所示。肩关节以 5s/周期进行内收/外展运动数据采集，进行 15s。通过数据处理，结果显示肩关节内收状态角度为 40°，完全外展状态角度为 140°。

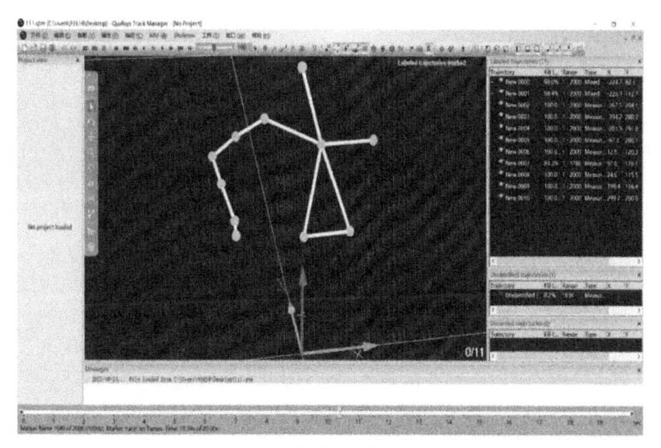

图 2.10 运动捕捉分析软件界面

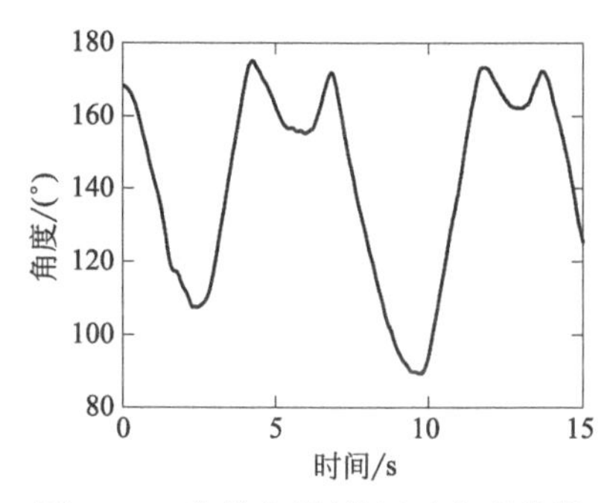

图 2.11 肩关节屈/伸运动角度捕捉

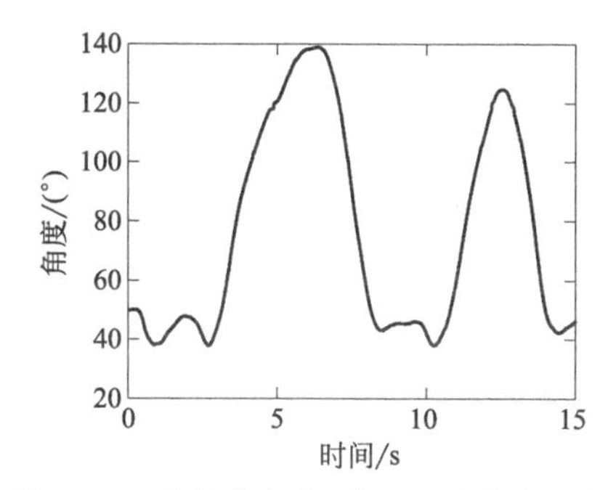

图 2.12 肩关节内收/外展运动角度捕捉

肩关节旋内/旋外运动角度捕捉数据如图 2.13 所示。肩关节以 5s/周期进行旋内/旋外运动数据采集，进行 15s。通过数据处理，结果显示肩关节旋内状态角度为 10°，完全旋外状态角度为 110°。肘关节屈/伸运动角度捕捉数据如图 2.14 所示。关节以 3s/周期进行屈/伸运动数据采集，进行 15s。通过数据处理，结果显示肘关节极度伸直状态角度为 170°，完全屈曲状态角度为 70°。

腕关节屈/伸运动角度捕捉数据如图 2.15 所示。腕关节以 3s/周期进行屈/伸运动数据采集，进行 15s。通过数据处理，结果显示腕关节极度伸直状态角度为 175°，完全屈曲状态角度为 155°。腕关节尺偏/桡偏运动角度捕捉数据如图 2.16 所示。腕关节以 3s/周期进行尺偏/桡偏运动数据采集，进行 15s。通过数据处理，结果显示腕关节尺偏状态角度为 145°，桡偏状态角度为 175°。通过对健康人体上肢各关节实际运动角度进行采集，分析人体上各关节运动范围，为偏瘫患者在康复训练过程中，最优康复训练路径的选择提供基础。

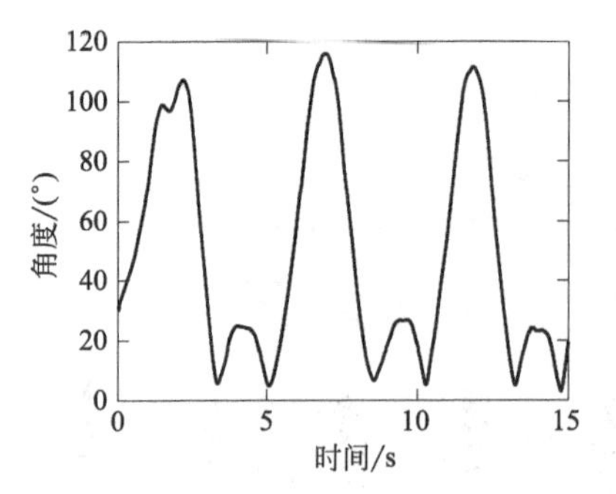

图 2.13 肩关节旋内/旋外运动角度捕捉

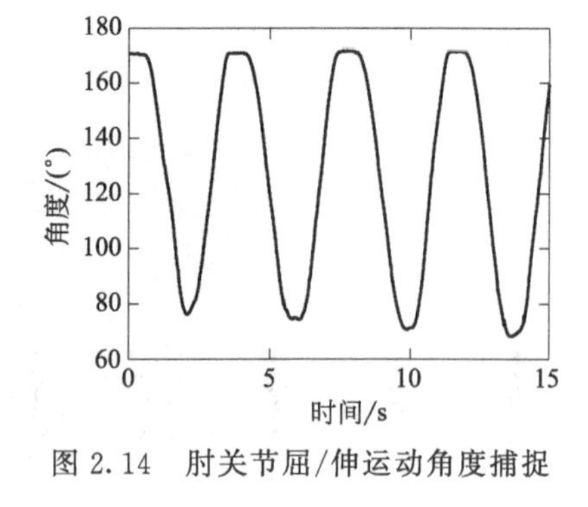

图 2.14 肘关节屈/伸运动角度捕捉

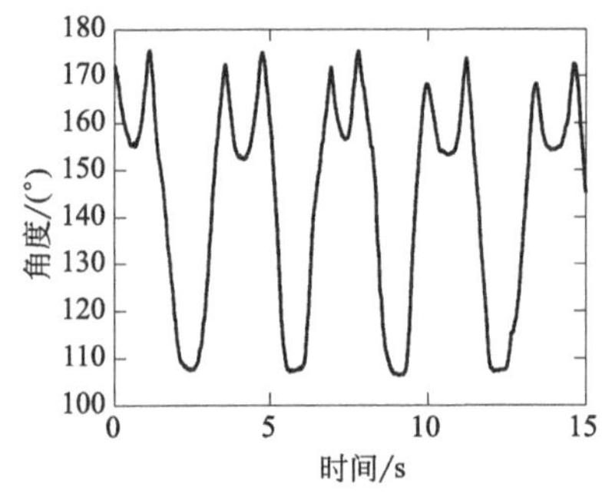

图 2.15 腕关节屈/伸运动角度捕捉

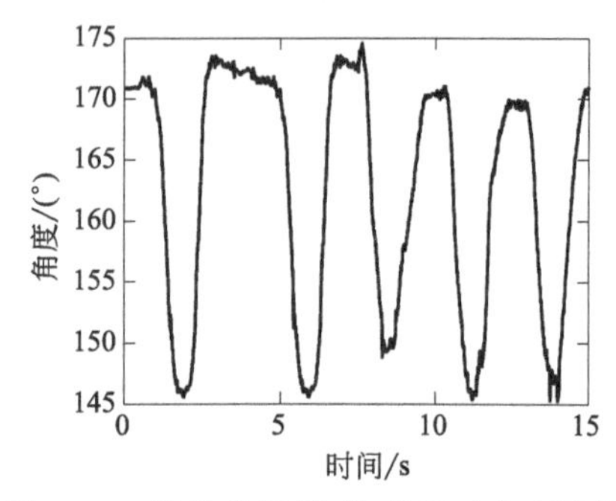

图 2.16 腕关节尺偏/桡偏运动角度捕捉

2.2 上肢康复机器人各关节结构设计

基于 2.1 节关于人体上肢解剖学分析结果，得出各关节运动角度及运动范围，并通过三维运动捕捉系统采集健康人体上肢各关节实际运动角度，为上肢康复机器人结构设计方法的提出奠定基础。对于脑卒中引起的偏瘫患者来说，通过康复机器人来完成上肢功能康复运动的方式有多种。但上肢康复机器人的设计在考虑实现方式的同时，还应考虑结构是否具有良好的人机交互能力以及康复装置与患者受损的肢体结构、运动形式的契合性等问题。在综合考虑患者使用安全性以及对患肢的支撑性和大工作空间等因素后，最终确定所设计的机器人为外骨骼式串并联相结合的关节结构形式，能够与人体紧密配合，牵引肢体共同完成协调运动。

为了满足偏瘫患者的康复需要，基于最优康复训练路径的思想，本书设计并开发了可穿戴式上肢外骨骼康复机器人，主要针对脑卒中患者的中期半主动康复训练和后期主动康复训练，结合人体上肢肌肉解剖学特性和相关参数，从上肢各骨骼和关节的运动特点出发，确定人手臂各关节的运动角度范围，提出一种以绳索传动为主、“绳索＋齿形带”的广义绳索驱动结构设计方法。机构采用绳索驱动、串并联相结合的关节结构形式，机器人能够牵引偏瘫患者的上肢实现多个关节且活动范围较大的康复运动训练。通过可穿戴式上肢康复机器人对偏瘫患肢进行运动康复来维持患肢的关节活动度，防止患肢肌肉萎缩，增强患肢肌力，促进患肢功能的恢复，为脑卒中造成的上肢偏瘫患者提供一种有效的康复器材。

2.2.1 肩关节结构设计

外骨骼式上肢康复机器人肩关节的设计应该与人体肩关节运动机理、康复医学及机械结构等因素相结合，从而综合考虑肩关节结构的构型设计，保证肩关节结构的运动性能与人体肩关节运动性能保持一致，避免造成二次损伤[81]。肩关节康复运动的外骨骼康复机构通过电机驱动，带动人体其他关节运动，辅助患肢进行康复训练。外骨骼机构的设计应保证机构运动与人体患肢康复运动训练的临床规律一致且保证患者能够穿戴舒服可靠，防止造成对患者肢体二次损伤。

肩关节康复运动的康复机构设计取决于人体肩关节运动和不同人员的体型特征[82]。肩关节康复运动的外骨骼康复机构固定在可升降式平台上，康复机构包含 3 个主运动模块和 1 个被动调节模块。3 个主运动模块分别用来实现肩关节的屈/伸、旋内/旋外、外展/内收运动；被动调节模块实现关节局部调节功能。

肩关节的屈/伸、外展/内收两个自由度均采用电机＋减速器的传动形式进行装置之间的驱动和连接。由于以大臂为轴进行旋内/旋外自由度时，需要将机器人与人体进行穿戴，不能采用电机进行直接驱动，所以本书通过圆弧滑轨来实现肩关节的旋内/旋外运动。肩关节旋内/旋外机构的传动方式为主动齿轮→被动齿轮→弧形齿条，该结构通过圆弧滑轨上的弧形齿条与减速器输出轴齿轮啮合，并以伺服电机为驱动力传递到弧形齿条，实现肩关节旋内/旋外运动。为了保证一定的运动精度，在弧形齿条两侧安装两组滑轮组，作用是约束弧形导轨沿着弧形的方向运动，起到限位的作用。在主动齿轮与弧形齿条之间增加了一个被动齿轮，减小电机的输出扭矩，降低机构的质量。在弧形齿条的两端均设有台肩，被动齿轮只能在一定康复范围内与弧形齿条啮合，确保患者的安全。通过设计被动齿轮和弧形齿条的齿数来限制患者肩关节旋转的运动范围，保证患者安全[83]。所设计的肩关节康复运动的外骨骼康复结构如图 2.17 所示。

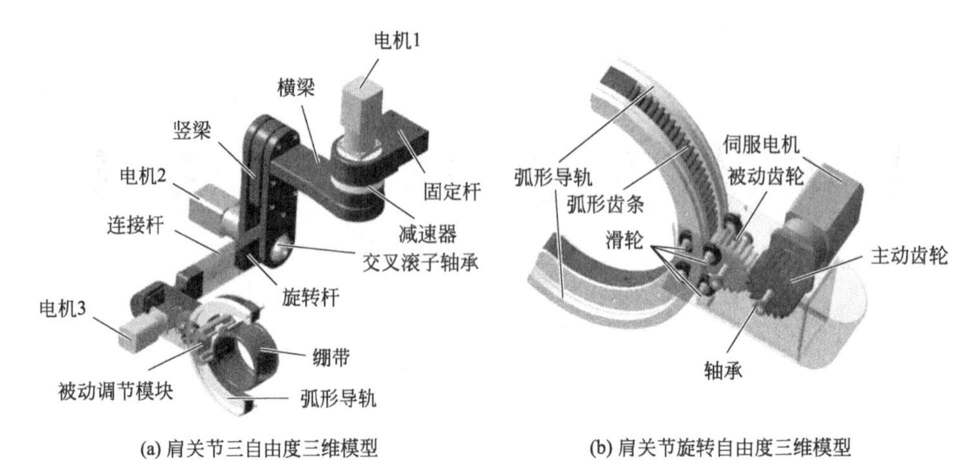

(a) 肩关节三自由度三维模型　　(b) 肩关节旋转自由度三维模型

图 2.17　肩关节三维模型

（1）肩关节结构主运动模块

肩关节的主动模块由 3 个电机实现：肩关节中的 J_1 轴配有减速电机，通过承受轴向载荷和径向载荷的交叉滚子轴承连接到水平连杆，实现肩关节的外展/内收运动；肩关节中的 J_2 轴配有减速电机，通过主要承受径向载荷的交叉滚子轴承连接转动杆件，实现肩关节的屈/伸运动；J_3 轴的运动由配有减速器的电机通过传动机构配合滑轮组和弧形轨道驱动弧形齿条实现，实现肩关节的内/旋外转运动。

肩关节三个基本自由度的运动：

① 肩关节的屈/伸运动：水平连杆 3 绕 J_1 轴旋转到如图 2.18 所示位置，上臂绕 J_2 轴旋转；

② 肩关节的内收/外展运动：水平连杆 3 绕 J_1 轴旋转到如图 2.19 所示位置，上臂绕 J_2 轴旋转；

③ 肩关节的旋内/旋外运动：上臂穿过半圆形环，绕 J_3 轴旋转。

（2）被动调节模块

肩关节包含多个骨骼和肌肉组织，是人体上肢中较为复杂的关节。所设计的外骨骼机器人结构是基于人体骨骼结构简化后的机械系统。在设计时，应充分考虑康复机构的运动是否能够匹配人体肩关节运动的问题。肩关节在进行外展/内收的运动过程中，其转动中心会相应地发生变化，即肩关节中的盂肱关

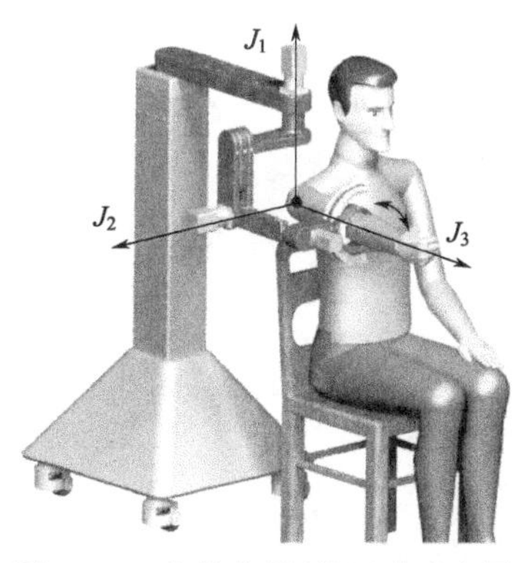

图 2.18　肩关节屈/伸运动示意图

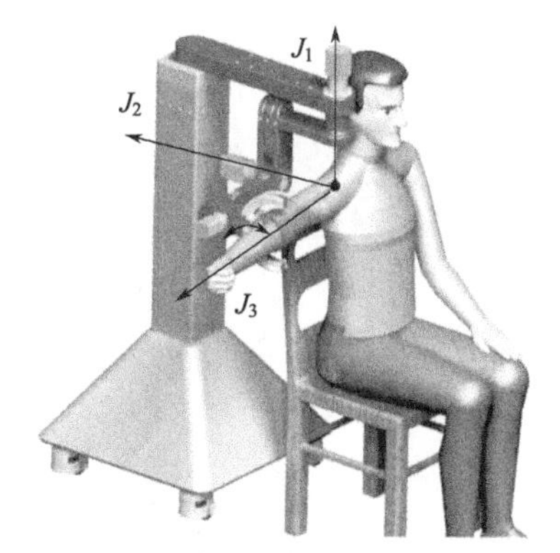

图 2.19　肩关节内收/外展运动示意图

节的转动中心会发生一定的偏移[84]，导致患者在穿戴康复机器人进行康复运动过程中可能产生不适。偏移量的设定与患者的身高和臂长有直接关系，通过对人体上肢数据分析可知，人体上肢盂肱关节转动中心的偏移量通常小于4cm。为了尽可能缓解和消除这种不适现象，在设计肩关节结构时增加一种用于被动调节的机构，在康复运动过程中，可以被动调节人体肩关节旋转中心的微动，使肩关节与外骨骼机构之间具有一定的活动裕度，不影响康复机构中肩关节的 3 个主运动[85]。本书设计的被动调节模块允许偏移量 h 为 5cm，可满足大部分患者的使用需求。

在设计被动调节模块时，为了保证该装置在康复过程中的可靠性和患者的安全性，在滑块的两侧各装一组弹簧，在弹簧的作用下滑块始终维持在平衡位置。当人体关节中心与外骨骼运动中心产生偏移时，会产生额外的力，这部分力会推动滑块运动，最终转化为弹簧的弹性势能，从而被调整模块吸收，保证患者的舒适性和安全性。滑块与支撑件之间装有直线轴承，在润滑油的作用下可将摩擦因数降至 0.12，能够很好地解决摩擦问题。支撑件通过螺钉与实现肩关节旋内/旋外转运动的弧形轨道连接，滑块可在支撑件的两条轨道上自由滑动，并且每条轨道上均有两个刚度系数相同的弹簧分布在滑块两侧，来保证与滑块连接的绑带在患者佩戴时位于初始位置，可以实现沿 J_3 轴方向的被动滑移运动。被动调节模块示意图如图 2.20 所示。

2.2.2　肘关节结构设计

肘关节主要完成人们日常生活中的吃饭、拿东西、摸头等动作。如果肘关节活动受限，就会受到很大的限制，而其他关节也会对患者的日常生活产生较

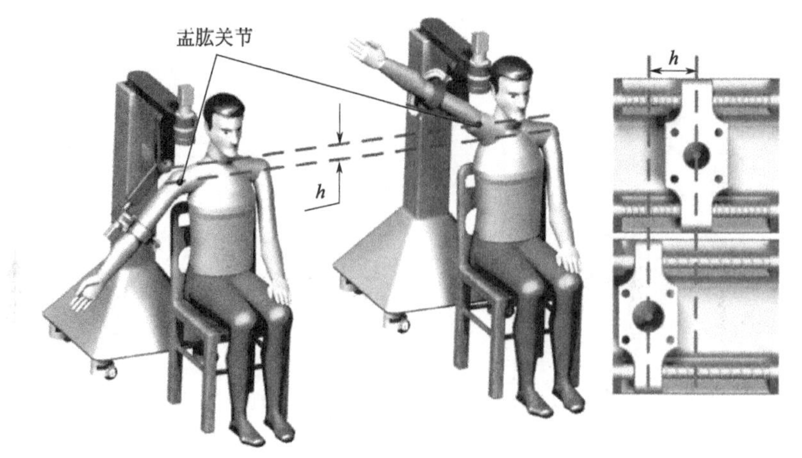

图 2.20　被动调节模块示意图

大的影响。因此，肘关节在上肢关节中起着重要的作用。

如图 2.21 所示，肘关节运动机构采用双向缠线盘结构，通过一个电机实现双向的精准驱动，避免了双电机绕线机构同步性差的问题。肘关节运动机构的驱动部分安装在基座上，电机的双向驱动盘通过绳索将动力传递给肘部双向缠线盘，从而完成肘部的屈/伸运动。肘关节运动机构的驱动部分安装在基座上，电机的双向驱动盘通过绳索将动力传递给肘部双向缠线盘，从而完成肘部的屈/伸运动。考虑到肘部需承受较大扭矩，所以应用了两个交叉滚子轴承，增加了肘部结构的承载能力，减小了旋转轴的径向误差。硅胶护垫的应用增加了穿戴者穿戴的舒适性与装置的美观性，符合人体手臂运动时肘部的运动要求，穿戴更为舒适。

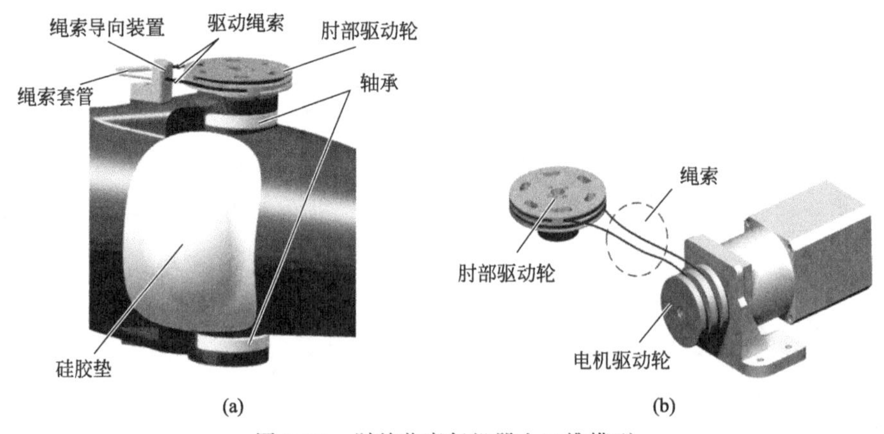

图 2.21　肘关节康复机器人三维模型

2.2.3 腕关节结构设计

腕关节是人体上肢关节活动频率最高，同时也是人体上肢在承受支撑、推拉等动作中承受负荷最大的部位。所设计的可穿戴上肢康复机器人主要是针对脑卒中患者的中期半主动康复训练和后期主动康复训练的装置，患者的腕部有一定的活动能力，在做康复训练时需要患者握住可穿戴上肢康复机器人末端调节握柄，上肢跟随机器人做相应的康复训练。基于腕关节的生理结构特点，根据腕部肌肉骨骼生物耦合特性，分析并提取腕关节的运动特征。通过分析简化腕部的尺侧腕屈肌和桡侧腕屈肌，实现腕关节的屈/曲运动；同理，简化尺侧腕屈肌和尺侧腕伸肌、桡侧腕屈肌，掌长肌和桡侧腕伸肌为一束肌肉，用来实现腕关节的外展/内收运动[86]。

绳索驱动的柔性并联机构具有运动惯性小、动态响应快、工作空间大、可远程驱动等特点，将绳索驱动并联机构应用于腕部康复，可有效消除康复机构与人体腕关节之间的错位。本书提出一种绳索驱动的柔性腕部的并联机构，腕部采用手部-腕部-小臂连接方式，腕部前后部分通过一个圆锥压缩弹簧完成连接，圆锥压缩弹簧用来模拟人的腕部活动关节，周围设有三组绳索机构，每组绳索机构相隔 120°，模拟手腕肌肉，完成对腕部的驱动控制，每组绳索机构均配有一个动力源放置于基座上。柔性并联机构以人体手腕为仿生对象，其中，柔性并联机构的固定环相当于桡骨和尺骨复合体，移动环相当于掌骨，驱动绳索和弹簧分别相当于腕部周围的肌肉和韧带，为桡腕关节和腕中关节运动提供动力和支撑。并联机构通过 3 个伺服电机分别驱动 3 根绳索实现腕部屈/伸和外展/内收 2 个自由度的运动。柔性并联机构在实现腕关节的内收和外展、屈和伸动作时起到增强结构稳定性的作用，满足不同角度下腕部运动，从而使机构实现腕关节屈/伸和外展/内收动作。绳索驱动的腕部柔性并联机构由可调节握柄、柔性并联机构和小臂三部分构成，腕部柔性并联机构结构如图 2.22 所示。

（1）腕部调节装置设计

外骨骼康复机器人重要的一点就是要与人体关节相匹配。每个患者握拳后的轴线与腕部的屈/伸轴线的距离都有一定的差异，并且有些偏瘫严重的患者需要通过绑带将手指与握柄固定，两轴线间的距离会有更加明显的偏差。因此，绳索驱动的柔性腕部并联机构可以根据不同患者调节两轴线的间距，帮助患者完成舒适康复运动训练，同时避免对患者造成二次伤害。调节装置由滑道、滑块和握柄组成，可实现两轴线间距 L 的精准调节，如图 2.23 所示。

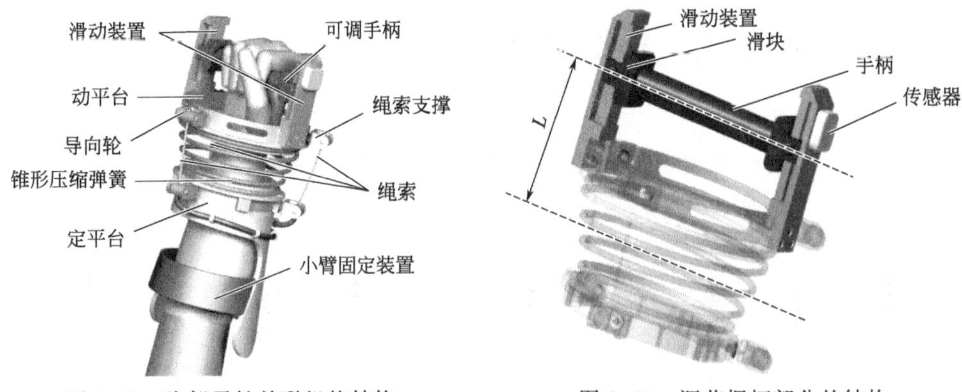

图 2.22 腕部柔性并联机构结构

图 2.23 调节握柄部分的结构

(2) 腕部固定装置设计

圆锥形螺旋弹簧与圆柱形螺旋弹簧相比，具有较大的稳定性，且其负荷和变形是非线性的，可以有效防止共振现象发生。当负荷未使弹簧圈开始接触时，负荷与变形关系是线性的，随着负荷持续增加，弹簧从大圈开始接触，其负荷与变形关系是非线性的。由于不同患者握拳后的轴线与腕部的曲/伸轴线之间的距离存在差异，并且有些偏瘫严重的患者需要通过绑带将手指与握柄固定，两轴线间的距离偏差会更大。因此，前固定装置能够根据不同患者来调节两轴线的间距，帮助患者完成舒适性康复训练，避免对患者造成二次伤害。前固定装置中安装有姿态传感器，能够在康复过程中精准获得动平台的姿态信息。为了贴合人体小臂的弧度，后固定装置采用锥形结构，提高患者穿戴的舒适度，并通过扎带和线管确定绳索路径和初始长度。腕部圆锥压缩弹簧结构如图 2.24 所示。

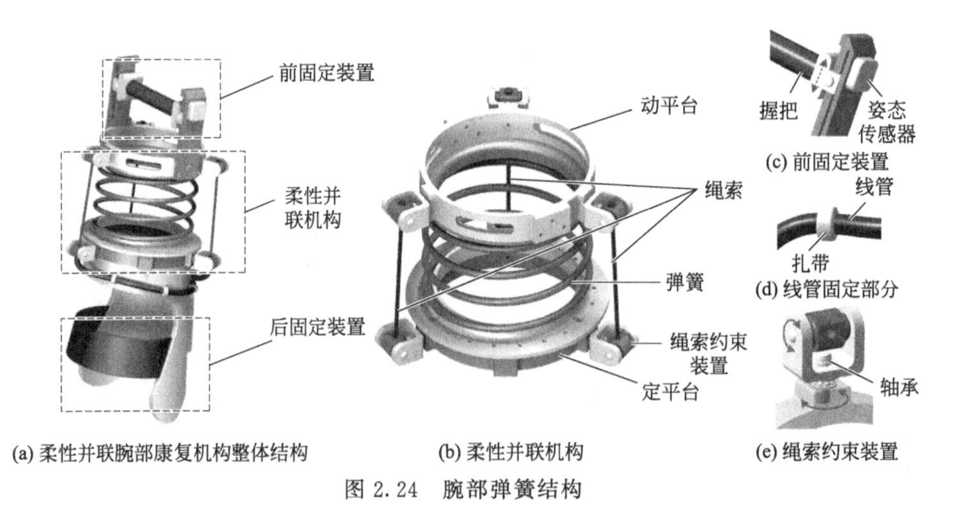

(a) 柔性并联腕部康复机构整体结构　　(b) 柔性并联机构

图 2.24 腕部弹簧结构

(3) 驱动装置设计

为了降低柔性并联机构在运动时绳索与动平台、定平台之间的摩擦因数，保证绳索长度理论模型与实际装置的一致性，本书设计了绳索约束装置。该装置具有两个被动自由度，可在绳索驱动中进行被动调整，使康复过程中动平台与定平台之间的绳索始终保持直线连接。电机通过联轴器与固定有四根轴的连接件连接，进而驱动与四根轴轴向连接的绞盘旋转。螺杆通过轴端支撑件与底板固定，电机施加驱动力时螺杆与绞盘进行相对运动，使绞盘轴向旋转的同时轴向移动，移动的长度由螺杆的螺距决定。给定螺杆的螺距为1mm，可以保证绳索的受力点不变，绳索不会出现交叠现象，绳索长度的变化与编码器的脉冲数成线性关系。腕部绳索驱动装置结构如图2.25所示。

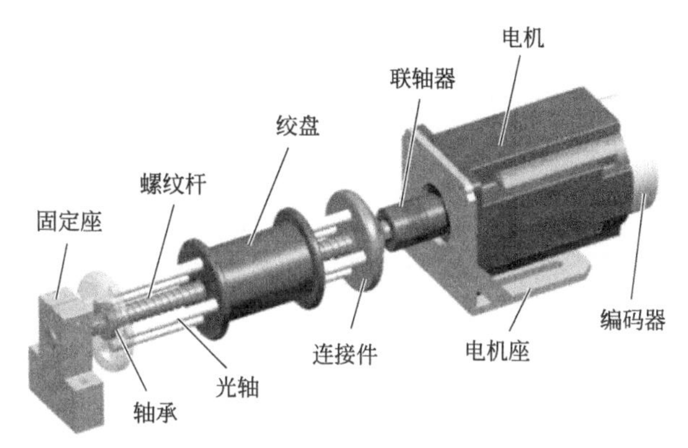

图2.25 腕部绳索驱动装置结构

(4) 绳索约束装置设计

因为绳索驱动的仿生柔性腕部的并联机构需要实现腕部屈/伸和尺偏/桡偏两个自由度的康复训练，所以在移动环和固定环上相隔120°均布了3个绳索约束装置，用以模拟腕部肌肉。每个绳索约束装置由支架和约束轮构成，以固定环上的一个绳索约束装置为例，如图2.26所示，支架可以绕 r_1 轴实现与固定环的相对旋转，而约束轮可以绕 r_2 轴

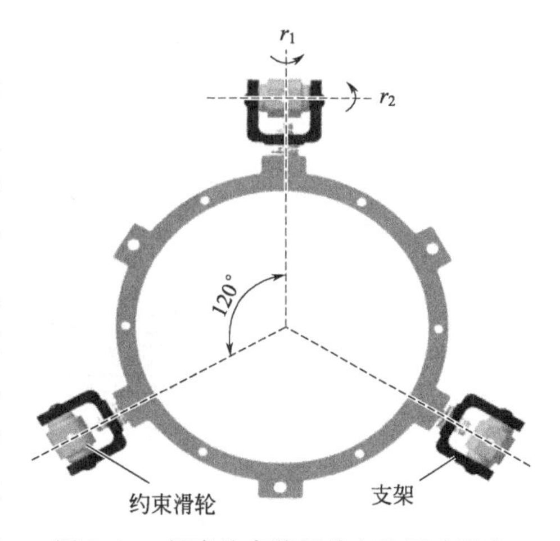

图2.26 绳索约束装置分布和运动形式

实现与支架的相对旋转。

如果在移动环和固定环上不加入任何装置，如图 2.27 所示，柔性并联机构在运动时绳长会因为机械结构而被消耗，并且会有较大的摩擦因数，这会带来很大的噪声并且降低装置的使用寿命。如图 2.28 所示，加入绳索约束装置后，这些问题均得以解决。通过对比两图绳索可以发现，加入绳索约束装置后，绳索在柔性并联机构中始终维持最短的长度，保证了理论模型与实际装置的一致性，这对实现康复机器人的精准控制是至关重要的。理论上绳索约束装置只需要使约束轮实现与支架的相对旋转就可以满足精准控制的要求，但是考虑到患者在训练过程中施加一定的负载，不可避免地使柔性并联机构的移动环与固定环之间产生微量的错位，所以增加了支架绕环旋转自由度来避免错位带来的误差。

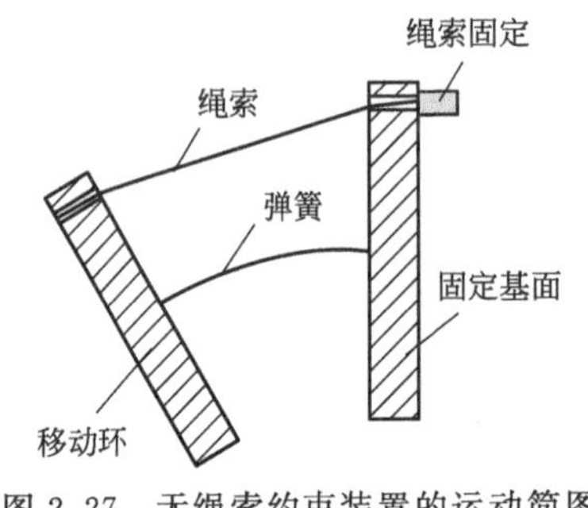

图 2.27　无绳索约束装置的运动简图

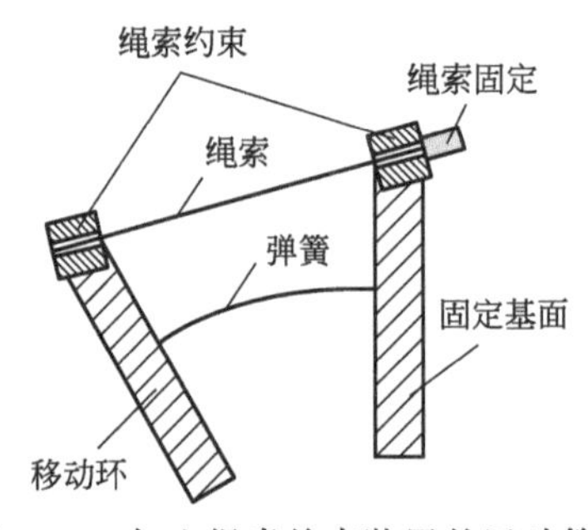

图 2.28　加入绳索约束装置的运动简图

如图 2.29 所示，小臂固定部分整体为锥形结构，目的是贴合人体小臂的弧度，提高穿戴的舒适度。通过扎带和线管确定绳索的路径和初始长度。

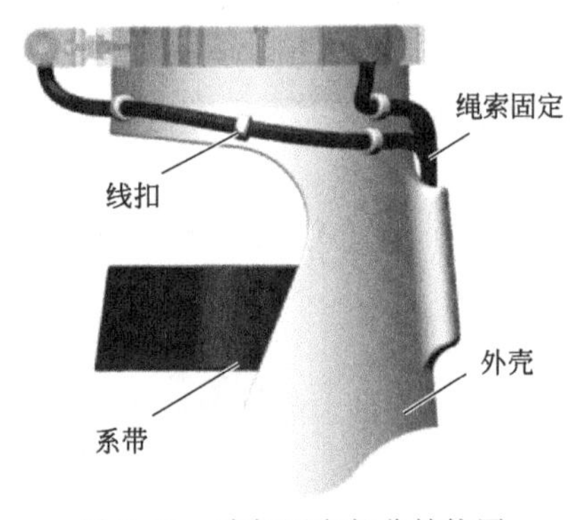

图 2.29　腕部固定部分结构图

2.3 上肢康复机器人总体结构

在深入分析上肢各关节运动自由度基础上，遵循最优康复训练路径思想，提出了一种具有6自由度可穿戴式上肢外骨骼康复机器人的结构设计方法。机构采用绳索驱动、串并联相结合的方式实现脑卒中偏瘫患者的中期半主动康复训练和后期主动康复训练，能够牵引有运动功能障碍的上肢实现多个关节且活动范围与幅度较大的运动训练。机器人具有6个自由度，包含肩关节3个自由度，分别实现肩关节的屈/伸、旋内/旋外、外展/内收运动；肘关节1个自由度，实现屈/伸运动；腕关节2个自由度，实现腕部屈/伸、外展/内收。康复机器人的三维结构如图2.30所示，整个康复系统由立式康复机器人与座椅两部分组成。患者在康复过程中坐在座椅上，患者的手臂与可穿戴的外骨骼康复机器人的牵引机构接触。手臂通过驱动弧形齿条被动做整周转动且为肩部旋内/旋外提供主动运动时的阻力，同时，牵引机构完成上肢肩、肘、腕关节在矢状面上的主被动康复训练。座椅高低调整机构可根据人体上肢高度及人体体型进行调节，适应不同治疗环境及患者体型差异性，保证康复过程中患肢在矢状面上进行训练。

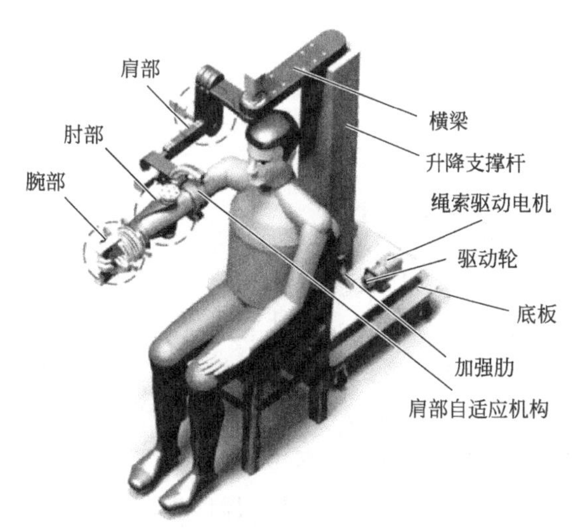

图2.30 上肢康复机器人三维模型

本书所设计的可穿戴式上肢康复机器人选取钢丝绳加套管的传动方式，电机产生的动力经减速器减速后，由钢丝绳传递至腕关节以及肘关节的驱动绞盘，进而驱动腕关节以及肘关节的运动。选取直径为 1mm 的 3 根钢丝绳来驱动腕关节并联机构；选取直径为 2.5mm 的钢丝绳牵引肘关节进行运动，能够满足康复机器人的康复训练要求，大大降低康复机器人结构设计的复杂度，实现多个活动关节的灵活布置及小空间长距离的力矩传递，实现了外骨骼执行机构和驱动单元的有效分离，减轻了外骨骼机构的重量，实现了轻量化和低功耗的设计要求。

该机器人各关节结构与人体上肢大臂、前臂、手腕部分紧密结合，利用机器人铰链式旋转副、弧形齿条、塔簧等的自由度实现了上肢多个关节的康复训练。机器人在矢状面上能实现肩关节的屈/伸（0°～100°）、外展/内收（0°～120°）、旋内/旋外（0°～110°）；肘关节的屈/伸（0°～105°）、旋内/旋外（0°～90°）；腕关节的屈/伸（0°～90°）。关节运动分析角度范围满足上肢康复训练过程角度的要求。人体上肢自由分配以及机器人自由度分配如表 2.1 所示。

表 2.1　人体上肢自由分配以及机器人自由度分配

关节	自由度	人体运动角度	机器人运动角度
肩关节	屈/伸	0°～90°/0°～45°	0°～90°/0°～10°
肩关节	外展/内收	0°～90°/0°～45°	0°～75°/0°～45°
肩关节	旋内/旋外	0°～80°/0°～30°	0°～80°/0°～30°
肘关节	屈/伸	0°～135°	0°～105°
肘关节	旋内/旋外	0°～45°/0°～45°	0°～45°/0°～45°
腕关节	屈/伸	0°～75°/0°～75°	0°～45°/0°～45°

2.4　本章小结

本章首先基于人体上肢解剖学及运动学特征，研究了人体上肢肩关节、肘关节和腕关节的骨骼和肌肉组成，确定了各关节所能实现的运动和范围。其次基于 Qualisys 三维动作捕捉系统完成上肢各关节的运动采集，得到了各关节运动数据，为偏瘫患者在康复训练过程中最优康复训练路径的选择提供基础。最后提出了一种以绳索传动为主、“绳索＋齿形带”的绳索驱动结构，详细研究了肩关节、肘关节、腕关节结构，并最终完成机器人整体结构设计。所设计的机器人结构能够方便穿戴于人体，机器人的运动自由度与人体运动自由度匹配较好，能有效对患肢前、后臂各部位进行支撑和牵引，能够将施加的牵引力精确传导到上肢各关节。

第3章

上肢康复机器人运动学与动力学分析

上肢康复机器人建模分析是实现机器人运动控制的前提与基础，通过完成多种康复训练模式，达到更好的康复训练效果。本章以所设计的可穿戴式上肢康复机器人结构为基础，基于D-H参数法建立机器人本体D-H参数模型，求解正运动学，并通过封闭解法求解逆运动学。以机器人运动学为基础，进行康复机器人运动空间的仿真分析。基于拉格朗日方法建立动力学模型，得到可穿戴式上肢康复机器人在电机驱动下，驱动力矩与机器人运动之间的动力学关系，并进行仿真分析，验证所设计的上肢康复机器人结构的合理性，为机器人控制系统的设计提供理论基础。基于运动学分析结果，提出五次多项式函数关节空间轨迹规划方法，对上肢提拉抬肘运动进行轨迹规划仿真，验证康复运动过程中的运动能力，为患者选择最优康复训练路径提供参考。

3.1 上肢康复机器人运动学分析

3.1.1 正运动学

可穿戴式上肢康复机器人的服务对象是偏瘫患者的患肢，在进行康复训练时，患者肢体穿戴于机器人机构中，在其牵引下协同运动，达到康复训练的目的。为了使康复机器人在康复训练过程中执行更加高效的运动，通过确立机器人各运动构件与末端执行器在空间的位姿关系，使机器人末端与各关节之间运动相互协调，恰当改变可穿戴康复机器人每个关节运动变化量，较好地调节可穿戴康复机器人末端同每个关节间的运动，实现预期的康复训练要求。可穿戴式上肢康复机器人是一种人机耦合系统，机器人的运动与人体患肢运动保持一致。所以，要想精确得到患肢运动曲线，需要对可穿戴式上肢康复机器人进行正向运动学分析。为确保所设计的可穿戴式上肢康复机器人具备良好的适用性与现实应用价值，基于D-H参数法建立可穿戴式上肢康复机器人D-H参数模型，并对所需相关参数进行设定，包括用于描述连杆几何特征参数、两连杆之间的连接参数关系以及明确连杆之间关系的参数。通过参数的设定，才能将各参数代入相关变换矩阵中得出相应的结果。

为了得到可穿戴式上肢外骨骼康复机器人相邻两杆件间转动和平移关系及其末端位姿，需要给上肢各个关节指定一个参考坐标系[87]。本书根据运动学理论，采用D-H参数法建立上肢康复机器人本体（图3.1）的D-H参数模型，如图3.2所示。机器人D-H参数模型中，可以通过4个参数来描述每根连杆的几何尺寸，其中 a_i 和 α_i 两个参数用来描述连杆自身的几何特征，分别为 z_{i-1} 和 z_i 两轴之间的距离和夹角。另外，偏距 d_i 和关节角 θ_i 两个参数表示两连杆之间的连接关系，分别为 x_{i-1} 和 x_i 两轴之间的距离和夹角。机器人 D-H 模型参数如表 3.1 所示。

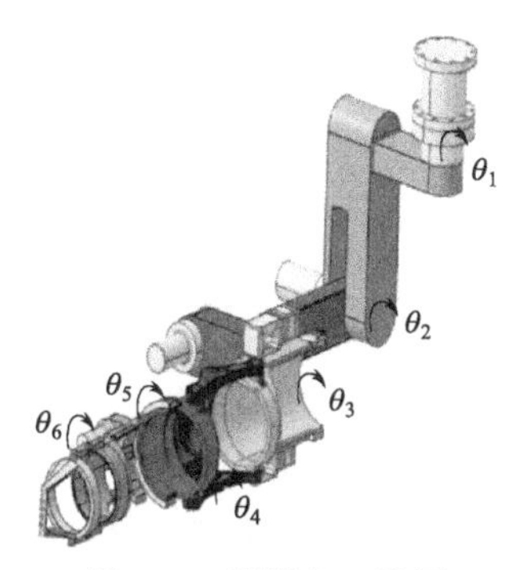

图 3.1 机器人三维图

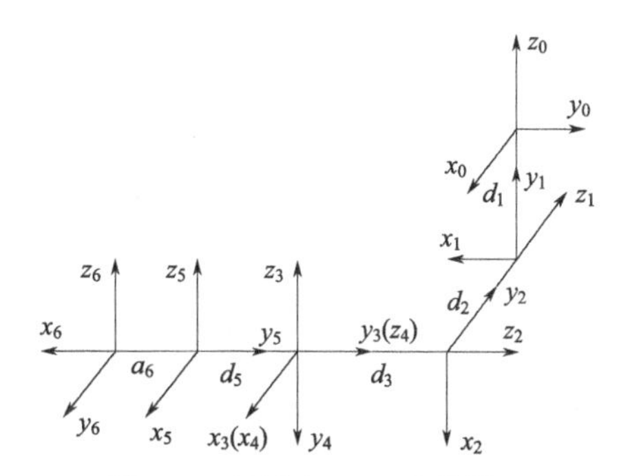

图 3.2 机器人 D-H 参数模型

表 3.1 上肢康复机器人 D-H 参数表

关节 i	杆件长度 a_i	扭角 α_i	偏距 d_i	关节角 θ_i	角度范围
1	0	90°	235mm	$\theta_1(-90°)$	−90°～30°
2	0	90°	20mm	$\theta_2(-90°)$	−90°～45°
3	0	90°	420mm	$\theta_3(-90°)$	−80°～45°
4	0	90°	0	$\theta_4(0°)$	0°～135°
5	0	90°	265mm	$\theta_5(0°)$	−45°～45°
6	83mm	0°	0	$\theta_6(-90°)$	−45°～45°

依据图 3.2 对上肢康复机器人每个关节建立的空间坐标系进行正运动学分析，即进行从坐标系 $\{o_{i-1}\}$ 到坐标系 $\{o_i\}$ 的坐标变换。基于机器人学知识可知，利用坐标变换把坐标系 $\{o_i\}$ 中描述的矢量映射到坐标系 $\{o_{i-1}\}$ 中：

$$
\begin{aligned}
{}^{i-1}\boldsymbol{T}_i &= \boldsymbol{A}_i = \mathrm{Rot}(z,\theta_i)\times\mathrm{Trans}(0,0,d_i)\times\mathrm{Trans}(a_i,0,0)\times\mathrm{Rot}(x,a_i) \\
&= \begin{bmatrix} c\theta_i & -s\theta_i c\alpha_i & s\theta_i s\alpha_i & a_i c\theta_i \\ s\theta_i & c\theta_i c\alpha_i & -c\theta_i s\alpha_i & a_i s\theta_i \\ 0 & s\alpha_i & c\alpha_i & d_i \\ 0 & 0 & 0 & 1 \end{bmatrix}
\end{aligned} \tag{3-1}
$$

式中，c 为 cos 函数；s 为 sin 函数。

对于可穿戴上肢康复机器人而言，当各个连杆坐标系确定后，就能得出各连杆的参数，由公式(3-1) 可知，两杆之间的位姿矩阵 $\boldsymbol{A}_i$，分别为：

$$\boldsymbol{A}_1=\mathrm{Rot}(z,\theta_1)\times \mathrm{Trans}(0,0,d_1)\times \mathrm{Trans}(a_1,0,0)\times \mathrm{Rot}(x,\alpha_1)$$
$$=\begin{bmatrix} \mathrm{c}\theta_1 & 0 & \mathrm{s}\theta_1 & 0 \\ \mathrm{s}\theta_1 & 0 & -\mathrm{c}\theta_1 & 0 \\ 0 & 1 & 0 & 235 \\ 0 & 0 & 0 & 1 \end{bmatrix}$$

$$\boldsymbol{A}_2=\mathrm{Rot}(z,\theta_2)\times \mathrm{Trans}(0,0,d_2)\times \mathrm{Trans}(a_2,0,0)\times \mathrm{Rot}(x,\alpha_2)$$
$$=\begin{bmatrix} \mathrm{c}\theta_2 & 0 & \mathrm{s}\theta_2 & 0 \\ \mathrm{s}\theta_2 & 0 & -\mathrm{c}\theta_2 & 0 \\ 0 & 1 & 0 & 20 \\ 0 & 0 & 0 & 1 \end{bmatrix}$$

$$\boldsymbol{A}_3=\mathrm{Rot}(z,\theta_3)\times \mathrm{Trans}(0,0,d_3)\times \mathrm{Trans}(a_3,0,0)\times \mathrm{Rot}(x,\alpha_3)$$
$$=\begin{bmatrix} \mathrm{c}\theta_3 & 0 & \mathrm{s}\theta_3 & 0 \\ \mathrm{s}\theta_3 & 0 & -\mathrm{c}\theta_3 & 0 \\ 0 & 1 & 0 & 420 \\ 0 & 0 & 0 & 1 \end{bmatrix}$$

$$\boldsymbol{A}_4=\mathrm{Rot}(z,\theta_4)\times \mathrm{Trans}(0,0,d_4)\times \mathrm{Trans}(a_4,0,0)\times \mathrm{Rot}(x,\alpha_4)$$
$$=\begin{bmatrix} \mathrm{c}\theta_4 & 0 & \mathrm{s}\theta_4 & 0 \\ \mathrm{s}\theta_4 & 0 & -\mathrm{c}\theta_4 & 0 \\ 0 & 1 & 0 & 0 \\ 0 & 0 & 0 & 1 \end{bmatrix}$$

$$\boldsymbol{A}_5=\mathrm{Rot}(z,\theta_5)\times \mathrm{Trans}(0,0,d_5)\times \mathrm{Trans}(a_5,0,0)\times \mathrm{Rot}(x,\alpha_5)$$
$$=\begin{bmatrix} \mathrm{c}\theta_5 & 0 & \mathrm{s}\theta_5 & 0 \\ \mathrm{s}\theta_5 & 0 & -\mathrm{c}\theta_5 & 0 \\ 0 & 1 & 0 & 265 \\ 0 & 0 & 0 & 1 \end{bmatrix}$$

$$\boldsymbol{A}_6=\mathrm{Rot}(z,\theta_6)\times \mathrm{Trans}(0,0,d_6)\times \mathrm{Trans}(a_6,0,0)\times \mathrm{Rot}(x,\alpha_6)$$
$$=\begin{bmatrix} \mathrm{c}\theta_6 & -\mathrm{s}\theta_6 & 0 & 83\mathrm{c}\theta_6 \\ \mathrm{s}\theta_6 & \mathrm{c}\theta_6 & 0 & 83\mathrm{s}\theta_6 \\ 0 & 0 & 1 & 0 \\ 0 & 0 & 0 & 1 \end{bmatrix}$$

由此可得机器人末端把手位姿相对于机器人基坐标系的变换矩阵：

$$
{}_6^0\boldsymbol{T}=\begin{bmatrix} r_{11} & r_{12} & r_{13} & P_x \\ r_{21} & r_{22} & r_{23} & P_y \\ r_{31} & r_{32} & r_{33} & P_z \\ 0 & 0 & 0 & 1 \end{bmatrix} \tag{3-2}
$$

式中，$\begin{bmatrix} r_{11} & r_{12} & r_{13} \\ r_{21} & r_{22} & r_{23} \\ r_{31} & r_{32} & r_{33} \end{bmatrix}$为机器人末端的方向向量；$[P_x \quad P_y \quad P_z]^{\mathrm{T}}$ 为机器人末端的位置向量。

矩阵按照顺序相乘可求得正运动学的解：

$r_{11}=\mathrm{s}\theta_6[\mathrm{s}\theta_4(\mathrm{s}\theta_1\mathrm{s}\theta_3+\mathrm{c}\theta_1\mathrm{c}\theta_2\mathrm{c}\theta_3)-\mathrm{c}\theta_1\mathrm{c}\theta_4\mathrm{s}\theta_2]-\mathrm{c}\theta_6\{\mathrm{s}\theta_5(\mathrm{c}\theta_3\mathrm{s}\theta_1-\mathrm{c}\theta_1\mathrm{c}\theta_2\mathrm{s}\theta_3)-\mathrm{c}\theta_5[\mathrm{c}\theta_4(\mathrm{s}\theta_1\mathrm{s}\theta_3+\mathrm{c}\theta_1\mathrm{c}\theta_2\mathrm{c}\theta_3)+\mathrm{c}\theta_1\mathrm{s}\theta_2\mathrm{s}\theta_4]\}$

$r_{12}=\mathrm{s}\theta_6\{\mathrm{s}\theta_5(\mathrm{c}\theta_3\mathrm{s}\theta_3-\mathrm{c}\theta_1\mathrm{c}\theta_2\mathrm{s}\theta_3)-\mathrm{c}\theta_5[\mathrm{c}\theta_4(\mathrm{s}\theta_1\mathrm{s}\theta_3+\mathrm{c}\theta_1\mathrm{c}\theta_2\mathrm{c}\theta_3)+\mathrm{c}\theta_1\mathrm{si}\theta_2\mathrm{s}\theta_4]\}+\mathrm{c}\theta_6[\mathrm{s}\theta_4(\mathrm{s}\theta_1\mathrm{s}\theta_3+\mathrm{c}\theta_1\mathrm{c}\theta_2\mathrm{c}\theta_3)-\mathrm{c}\theta_1\mathrm{c}\theta_4\mathrm{s}\theta_2]$

$r_{13}=\mathrm{c}\theta_5(\mathrm{c}\theta_3\mathrm{s}\theta_3-\mathrm{c}\theta_1\mathrm{c}\theta_2\mathrm{si}\theta_3)+\mathrm{s}\theta_5[\mathrm{c}\theta_4(\mathrm{s}\theta_1\mathrm{s}\theta_3+\mathrm{c}\theta_1\mathrm{c}\theta_2\mathrm{c}\theta_3)+\mathrm{c}\theta_1\mathrm{s}\theta_2\mathrm{s}\theta_4]$

$r_{21}=\mathrm{c}\theta_6\{\mathrm{s}\theta_6(\mathrm{c}\theta_1\mathrm{c}\theta_3+\mathrm{c}\theta_2\mathrm{s}\theta_1\mathrm{s}\theta_3)-\mathrm{c}\theta_5[\mathrm{c}\theta_4(\mathrm{c}\theta_1\mathrm{s}\theta_3-\mathrm{c}\theta_2\mathrm{c}\theta_3\mathrm{s}\theta_1)-\mathrm{s}\theta_1\mathrm{s}\theta_2\mathrm{s}\theta_4]\}-\mathrm{s}\theta_6[\mathrm{si}\theta_4(\mathrm{c}\theta_1\mathrm{s}\theta_3-\mathrm{c}\theta_2\mathrm{c}\theta_3\mathrm{s}\theta_1)+\mathrm{c}\theta_4\mathrm{s}\theta_1\mathrm{s}\theta_2]$

$r_{22}=-\mathrm{s}\theta_6\{\mathrm{s}\theta_5(\mathrm{c}\theta_1\mathrm{c}\theta_3+\mathrm{c}\theta_2\mathrm{s}\theta_1\mathrm{s}\theta_3)-\mathrm{c}\theta_5[\mathrm{c}\theta_4(\mathrm{c}\theta_1\mathrm{s}\theta_3-\mathrm{c}\theta_2\mathrm{c}\theta_3\mathrm{s}\theta_1)-\mathrm{s}\theta_1\mathrm{s}\theta_2\mathrm{s}\theta_4]\}-\mathrm{c}\theta_6[\mathrm{s}\theta_4(\mathrm{c}\theta_1\mathrm{s}\theta_3-\mathrm{c}\theta_2\mathrm{c}\theta_3\mathrm{s}\theta_1)+\mathrm{c}\theta_4\mathrm{s}\theta_1\mathrm{s}\theta_2]$

$r_{23}=-\mathrm{c}\theta_5(\mathrm{c}\theta_1\mathrm{c}\theta_3+\mathrm{c}\theta_2\mathrm{s}\theta_1\mathrm{s}\theta_3)-\mathrm{s}\theta_5[\mathrm{c}\theta_4(\mathrm{c}\theta_1\mathrm{s}\theta_3-\mathrm{c}\theta_2\mathrm{c}\theta_3\mathrm{s}\theta_1)-\mathrm{s}\theta_1\mathrm{s}\theta_2\mathrm{s}\theta_4]$

$r_{31}=\mathrm{s}\theta_6(\mathrm{c}\theta_2\mathrm{c}\theta_4+\mathrm{c}\theta_3\mathrm{s}\theta_2\mathrm{s}\theta_4)-\mathrm{c}\theta_6[\mathrm{c}\theta_5(\mathrm{c}\theta_2\mathrm{s}\theta_4-\mathrm{c}\theta_3\mathrm{c}\theta_4\mathrm{s}\theta_2)-\mathrm{s}\theta_2\mathrm{s}\theta_3\mathrm{s}\theta_5]$

$r_{32}=\mathrm{c}\theta_6(\mathrm{c}\theta_2\mathrm{c}\theta_4+\mathrm{c}\theta_3\mathrm{s}\theta_2\mathrm{s}\theta_4)+\mathrm{s}\theta_6[\mathrm{c}\theta_5(\mathrm{c}\theta_2\mathrm{s}\theta_4-\mathrm{c}\theta_3\mathrm{c}\theta_4\mathrm{s}\theta_2)-\mathrm{s}\theta_2\mathrm{s}\theta_3\mathrm{s}\theta_5]$

$r_{33}=-\mathrm{s}\theta_5(\mathrm{c}\theta_2\mathrm{s}\theta_4-\mathrm{c}\theta_3\mathrm{c}\theta_4\mathrm{s}\theta_2)-\mathrm{c}\theta_5\mathrm{s}\theta_2\mathrm{s}\theta_3$

$P_x=20\mathrm{s}\theta_1+265\mathrm{s}\theta_4(\mathrm{s}\theta_1\mathrm{s}\theta_3+\mathrm{c}\theta_1\mathrm{c}\theta_2\mathrm{c}\theta_3)-83\mathrm{c}\theta_6\{\mathrm{s}\theta_5(\mathrm{c}\theta_3\mathrm{s}\theta_1-\mathrm{c}\theta_1\mathrm{c}\theta_2\mathrm{s}\theta_3)-\mathrm{c}\theta_5[\mathrm{c}\theta_4(\mathrm{s}\theta_1\mathrm{s}\theta_3+\mathrm{c}\theta_1\mathrm{c}\theta_2\mathrm{c}\theta_3)+\mathrm{c}\theta_1\mathrm{s}\theta_2\mathrm{s}\theta_4]\}+83\mathrm{s}\theta_6[\mathrm{s}\theta_4(\mathrm{s}\theta_1\mathrm{s}\theta_3+\mathrm{c}\theta_1\mathrm{c}\theta_2\mathrm{c}\theta_3)-\mathrm{c}\theta_1\mathrm{c}\theta_4\mathrm{s}\theta_2]+420\mathrm{c}\theta_1\mathrm{s}\theta_2-265\mathrm{c}\theta_1\mathrm{c}\theta_4\mathrm{s}\theta_2$

$P_y=420\mathrm{s}\theta_1\mathrm{s}\theta_2-20\mathrm{c}\theta_1-265\mathrm{s}\theta_4(\mathrm{c}\theta_1\mathrm{s}\theta_3-\mathrm{c}\theta_2\mathrm{c}\theta_3\mathrm{s}\theta_1)+83\mathrm{c}\theta_6\{\mathrm{s}\theta_5(\mathrm{c}\theta_1\mathrm{c}\theta_3+\mathrm{c}\theta_2\mathrm{s}\theta_1\mathrm{s}\theta_3)-\mathrm{c}\theta_5[\mathrm{c}\theta_4(\mathrm{c}\theta_1\mathrm{s}\theta_3-\mathrm{c}\theta_2\mathrm{c}\theta_3\mathrm{s}\theta_1)-\mathrm{s}\theta_1\mathrm{s}\theta_2\mathrm{s}\theta_4]\}-83\mathrm{s}\theta_6[\mathrm{s}\theta_4(\mathrm{c}\theta_1\mathrm{s}\theta_3-\mathrm{c}\theta_2\mathrm{c}\theta_3\mathrm{s}\theta_1)+\mathrm{c}\theta_4\mathrm{s}\theta_1\mathrm{s}\theta_2]-265\mathrm{c}\theta_4\mathrm{s}\theta_1\mathrm{s}\theta_2$

$P_z=83\mathrm{s}\theta_6(\mathrm{c}\theta_2\mathrm{c}\theta_4+\mathrm{c}\theta_3\mathrm{s}\theta_2\mathrm{s}\theta_4)-420\mathrm{c}\theta_2-83\mathrm{c}\theta_6[\mathrm{c}\theta_5(\mathrm{c}\theta_2\mathrm{s}\theta_4-\mathrm{c}\theta_3\mathrm{c}\theta_4\mathrm{s}\theta_2)-\mathrm{s}\theta_2\mathrm{s}\theta_3\mathrm{s}\theta_5]+265\mathrm{c}\theta_2\mathrm{c}\theta_4+265\mathrm{c}\theta_3\mathrm{s}\theta_2\mathrm{s}\theta_4+235$

式(3-2) 为可穿戴式上肢康复机器人运动学的正解，将上肢康复机器人 D-H

参数代入，即可得到与机器人末端把手相对应的三维坐标点，得到机器人理论初始位姿与三维模型初始位姿一致，验证了机器人正运动学求解的正确性。

3.1.2 逆运动学

可穿戴式上肢康复机器人的作用是辅助偏瘫患者完成日常生活中的一些任务，诸如吃饭、拿东西、摸头等动作，达到恢复上肢运动功能的目的。若任务给定，可穿戴上肢康复机器人所要到达的末端位置也是确定的。为了确定在已知末端执行器位姿的情况下各关节的角参数，本书对可穿戴上肢康复机器人的逆运动学进行研究。

逆运动学求解主要有数值解法和封闭解法两种。采用数值解法，用递推算法可得出关节变量的具体数值，只能利用数值计算的结果，而不能随意给出自变量并求出计算值[88]。采用封闭解法，可以根据公式推导，给出任意的自变量就可以求出因变量。由于封闭解法比数值解法的求解精度高、速度快，并且容易区分所有可能的解，本书所设计的可穿戴式上肢康复机器人满足机器人运动学中机器人三个相邻关节轴交于一点或三轴线平行的 Pieper 准则，所以本书采用封闭解法求解机器人的运动学，为机器人的运动控制提供依据。

已知 D-H 参数值，通过逆解下列矩阵分别得到 θ_i：

$$ {}_6^0\boldsymbol{T}={}_1^0\boldsymbol{T}(\theta_1){}_2^1\boldsymbol{T}(\theta_2){}_3^2\boldsymbol{T}(\theta_3){}_4^3\boldsymbol{T}(\theta_4){}_5^4\boldsymbol{T}(\theta_5){}_6^5\boldsymbol{T}(\theta_6) \tag{3-3} $$

即

$$ \theta_1=\arctan\left(\frac{-P_y}{P_x}\right)+k\pi \tag{3-4} $$

$$ \theta_2=\arctan\left(\frac{164\varphi-29\varphi-b}{a+164\varphi+29\varphi}\right)+k\pi \tag{3-5} $$

$$ \theta_3=\arctan\left(\frac{x-y}{z-u}\right)+k\pi \tag{3-6} $$

$$ \theta_4=\arctan\left(\frac{s_4 s_5}{c_4 s_5}\right)+k\pi \tag{3-7} $$

$$ \theta_5=\arctan\left[\frac{\frac{r_{33}}{c_5}+c_2 s_3+c_3 s_2}{(s_2 s_3-c_2 c_3)c_4}\right]+k\pi \tag{3-8} $$

$$ \theta_6=\arctan\left(\frac{r_{32}v+r_{31}w}{-r_{32}w+r_{31}v}\right)+k\pi \tag{3-9} $$

式中，k 取整数值，k 的取值须使 θ_i 的值在关节角度取值范围内；$a=$

$\frac{P_y}{-5s_1}-110$，$b=\frac{P_z}{5}$；$\varphi=\arcsin m-\gamma+k\pi$，$m=\frac{1163-a^2-b^2}{\sqrt{(328a+58b)^2+(58a-328b)^2}}$，$\gamma=\arctan\frac{328a+58b}{58a-328b}$；$x=(170c_2-a)(164s_2-29c_2)$；$y=(170s_2+b)(164c_2+29s_2)$；$z=(170s_2+b)(29c_2-164s_2)$；$u=(170c_2-a)(164c_2+29s_2)$；$v=c_2s_3s_5+c_3s_2s_5-c_2c_3c_4c_5+c_4c_5s_2s_3$；$w=s_2s_3c_4c_5c_6-c_2s_4c_5c_6+s_2s_3s_5c_6+s_2s_3s_4s_6+c_2c_4s_6$；$c_i=\cos\theta_i$；$s_i=\sin\theta_i$。

将上肢康复机器人末端变换一定数量位置点参数代入上式中，得到相应各关节理论旋转角度，得到的结果与机器人三维模型中各关节旋转角度一致，验证了可穿戴式上肢康复机器人末端逆运动学求解的正确性。

由于求解逆运动学过程中会存在多个逆解现象，所以为了避免出现奇异解，本书引入机器人选解的三个准则。

① 机器人运动范围要求。在可穿戴式上肢康复机器人的结构设计中，根据人体上肢运动范围的要求设计了各关节的运动范围，避免机构间的相互干扰。因此，要求关节在运动过程中满足关节运动范围的要求，即满足以下不等式：

$$\theta_i^{\min}\leqslant\theta_i\leqslant\theta_i^{\max}\qquad i=1,2,\cdots,6$$

式中，$\theta_i^{\min}$ 为关节运动最小极限角度；$\theta_i^{\max}$ 为关节运动最大极限角度。

② 运动连续准则。可穿戴式上肢康复机器人是辅助偏瘫患者进行康复运动训练的装置，所以机器人运动过程中各关节的运动要连续并且平稳，关节角的运动不能发生突变，防止机器人的末端手柄产生窜动。在实际处理过程中，引入阈值 m 来提供约束和限制条件，即检查下次解与当前关节角数值差值的绝对值，如果绝对值过大说明关节发生突变，否则选择另一组解。

$$\Delta\theta=|\theta_n-\theta_{cur}|\leqslant m$$

式中，θ_n 为关节运动下一位置角度；θ_{cur} 为关节运动当前位置角度。

③ 末端位姿误差最小原则。在可穿戴式上肢康复机器人运动过程中，机器人的末端手柄所达到的位姿与目标位姿之间不可避免地会出现误差，所以通过对比最终末端位姿变换矩阵的方式，将末端位姿及姿态误差进行对比，达到选择误差最小解的目标。

在可穿戴式上肢康复机器人逆解的选取过程中，约束条件之间会出现相互冲突的情况，此时需根据实际情况设定约束的优先级，以达到获得最优解的目的。

3.1.3 工作空间分析

可穿戴式上肢康复机器人工作空间是末端坐标系原点在基座坐标系中可达

到的所有空间位置点所形成的空间，即机器人工作时末端所能到达的活动范围大小。工作空间为评估机器人结构设计的合理性提供了重要依据，也为机器人控制系统的设计提供了依据[89]。可穿戴式上肢康复机器人的工作空间直接决定了偏瘫患者进行康复训练的范围和效果。由于可穿戴式上肢康复机器人是一类穿戴于人体上肢外部，且保持人机之间关节对应关系的机器人系统，因此机器人各关节的运动范围以及末端工作空间应小于人体上肢的运动极限范围。此外，为了满足患者的多模式运动康复训练要求，机器人的工作空间应该尽可能满足人体上肢在日常生活中的工作需求。

机器人工作空间的求解方法包含解析法、几何法以及数值法三种。解析法基于微分几何学理论描述工作空间的边界曲面，计算过程较为复杂，且不具备通用性。几何法是采用几何绘图的方式来求解工作空间的边界，该方法直观且简单，但不适用于多自由度机器人的分析。数值法通过计算机器人工作空间边界曲面上的特征点来构成包络面，包络面内部的空间即为机器人的工作空间，求解方便且通用性强。蒙特卡罗法是数值法中较为经典的工作空间求解方法。蒙特卡罗法是基于概率统计理论，借助随机抽样函数来解决数学问题的数值方法。相较于一般数值法，用蒙特卡罗法计算机器人的工作空间所用时间较短，但蒙特卡罗法只能趋近于所要得到结果，不能完全反映真实结果，如果通过实验的方法获得足够多的数据，也能获得较为准确的结果。数值法流程如图 3.3 所示。

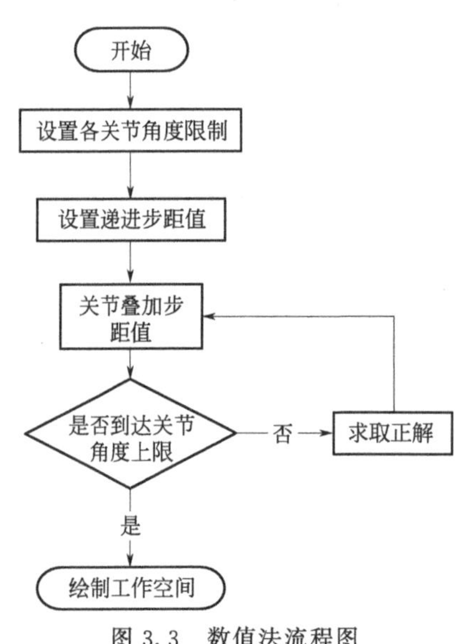

图 3.3　数值法流程图

使用蒙特卡罗法求解工作空间的步骤如下。

步骤①：用蒙特卡罗法模拟各关节的旋转，随机产生相应概率分布的随机变量；

步骤②：用统计方法把模型的数字特征估计出来，从而得到一定数量空间中的数值点。

其数学模型：

$$W=\{\boldsymbol{q} \mid q_{\min} \leqslant q_i \leqslant q_{\max}\} \tag{3-10}$$

式中，$\boldsymbol{q}=(q_1, q_2, \cdots, q_n)$ 为 n 维关节空间内的点向量 $i=1,2,\cdots,n$。

机器人工作空间是机器人在运行过程中，手部参考点在空间内能够达到的点的集合，是衡量机器人进行康复运动训练时的一个关键指标，也为评估机器人设计合理性的一个关键依据。本书基于蒙特卡罗法对上肢康复机器人的工作空间进行分析，选取上肢康复机器人末端作为参考点，结合机器人正运动学方程中的位置矢量，生成参考点的所有随机点集合，构成上肢康复机器人的工作空间[90]。通过随机抽样方法生成各关节角度值，且在规定范围内，再将各角度值代入正解计算程序，得到与之对应末端位置点。经过 10^5 次模拟计算，得到末端位置点点云。运用 Matlab 编程及 Robotics Toolbox 工具箱，调整 Robotics Toolbox 工具箱中随机点的样本数为 10^5 个，得到机器人工作空间的仿真图，如图 3.4 所示。

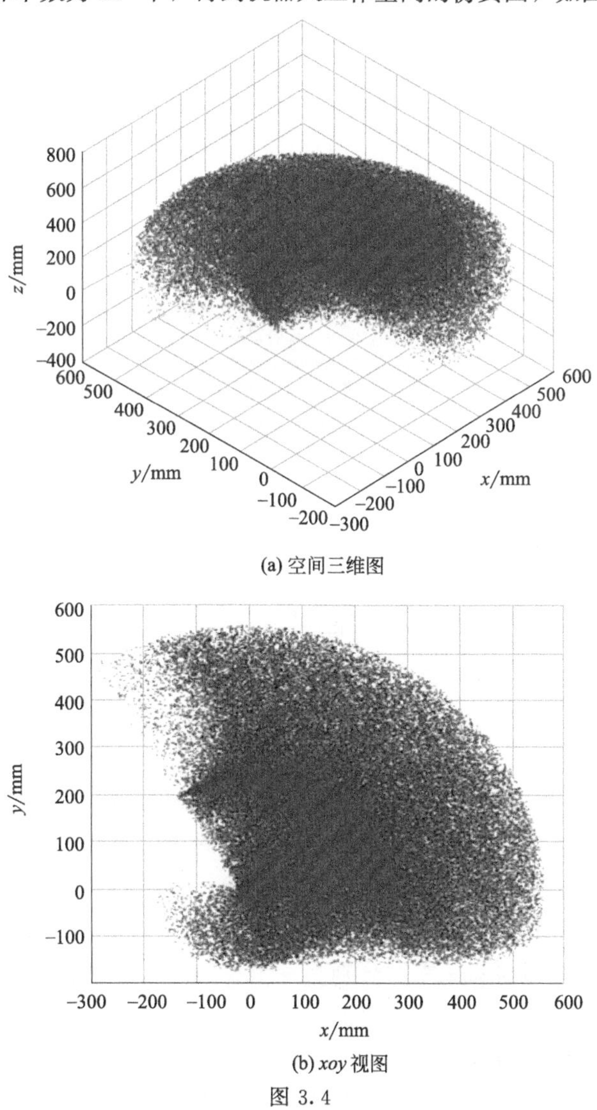

图 3.4

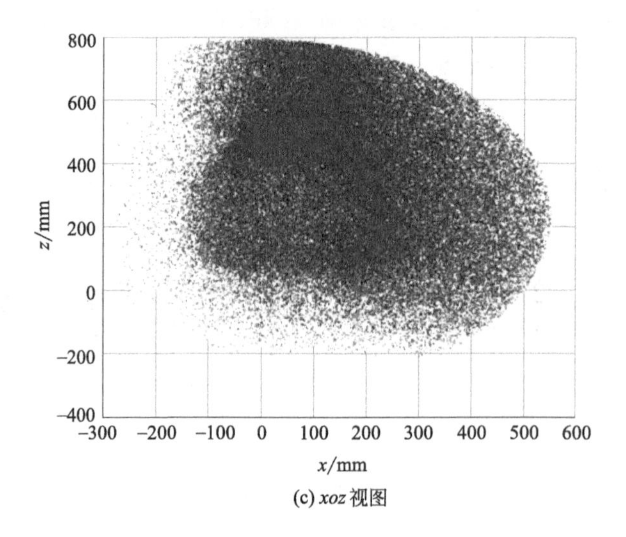

(c) xoz 视图

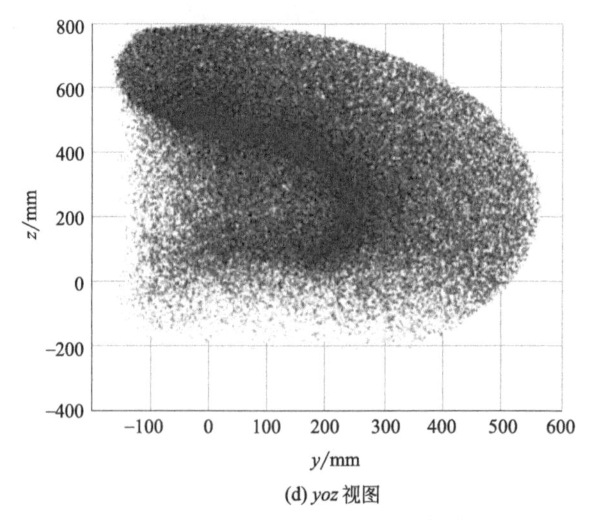

(d) yoz 视图

图 3.4　机器人三维工作空间仿真

几何构造可以更简单地计算、构造出最大范围的边界，由于其构件之间为线性关系，针对极端情况下的各关节角度对应的末端位姿无法预测。本设计方法模拟可能到达的空间，并给出相关概率点云，程序设计较为简单。

从图 3.4 中可知：可穿戴式上肢康复机器人的工作空间在 xoz 视图中呈扇形分布，xoy 视图与 yoz 视图分别为一个长轴两端一部分的椭圆形状的工作空间。综合图 3.4 的工作空间仿真曲线和机器人的运动学分析可知，机器人工作空间在 x 轴和 y 轴的工作半径相等，为 795mm，在 z 轴的工作半径为 552mm。基于人体工程学可知我国中等人体手臂平均长度为 742mm，表明可穿戴式上肢康复机器人的极限位置与人体上肢动态极限位置吻合。因此，所设计的可穿戴式上肢康复机器人能够满足上肢康复运动的训练要求。同时，由于机械结构的限制及其尺寸的原因，可穿戴式上肢康复机器人基座附近出现一个空腔，空腔的大小取决于基座的大小。

3.2 上肢康复机器人动力学分析

大量康复训练的病例表明，脑卒中上肢运动障碍患者中，距手部关节远的肩关节的运动损伤通常比肘关节和腕关节严重。医师的训练过程一般为带动患者手臂进行被动复合运动，使肌肉神经系统重建，其次针对单个关节做辅助锻炼。当上肢动作训练时，肩、肘关节的运动会直接决定手部的空间位置，其姿态仅由腕关节的转动确定。综合考虑临床病例训练和康复机器人的本体结构，分析动力学时只需计算肩关节内收/外展、前屈/后伸、旋内/旋外，肘关节屈/伸情况。

拉格朗日方程由质点系势能和动能的二阶偏导微分方程构成。L 为拉格朗日动势算子，设广义力为 Q_i，其成立有且仅有的条件为：

$$\frac{d}{dt}\left(\frac{\partial L}{\partial \dot{q}_i}\right)-\frac{\partial L}{\partial q_i}=Q_i, \quad i=1,2,\cdots,n \tag{3-11}$$

式中，q_i 表示机构质心的广义坐标；$\dot{q}_i$ 表示机构质心的速度。

若作用在质点系上的合力是有势力，则质点系具有势能，势能 P 应是系统各部分质心坐标的函数，为

$$P=P(x_1,y_1,z_1,\cdots,x_n,y_n,z_n) \tag{3-12}$$

同理，其广义动能 K 函数为：

$$K=K(q_1,q_2,q_3,\cdots,q_n)$$

而在广义笛卡儿坐标系中，若各质点用其广义坐标 $q_i=(x_i,y_i,z_i)$ 表示，势能函数可表示为：

$$P=P(q_1,q_2,q_3,\cdots,q_n) \tag{3-13}$$

质点系受到的任意方向的主动力在直角坐标系中的投影是势能函数对各坐标偏导的负值。

$$F_{xi}=-\frac{\partial P}{\partial x_i},F_{yi}=-\frac{\partial P}{\partial y_i},F_{zi}=-\frac{\partial P}{\partial z_i}$$

式中，F_{xi}、F_{yi}、F_{zi} 为各主动力 F_i 在坐标轴 x、y、z 上的投影。

结合上式，计算得出：

$$Q=-\frac{\partial P}{\partial q_i}=-\sum_{i=1}^{n}\left(\frac{\partial P}{\partial x_i}\times\frac{\partial x_i}{\partial q_i}+\frac{\partial P}{\partial y_i}\times\frac{\partial y_i}{\partial q_i}+\frac{\partial P}{\partial z_i}\times\frac{\partial z_i}{\partial q_i}\right),i=1,2,3,\cdots,n \tag{3-14}$$

将式(3-14) 代入式(3-11) 得到：

$$\frac{d}{dt}\left[\frac{\partial(K-P)}{\partial \dot{q}_i}\right]-\frac{\partial(K-P)}{\partial \dot{q}_i}=0,i=1,2,3,\cdots,n \tag{3-15}$$

已知拉格朗日方程中动势算子为 L，则有：

$$L=K-P \tag{3-16}$$

则在关节的转动运动中 L 是 θ、$\dot{\theta}$ 、t 的函数。

$$L=L(\dot{\theta}_1,\dot{\theta}_2,\dot{\theta}_3,\cdots,\dot{\theta}_n,\theta_1,\theta_2,\theta_3,\cdots,\theta_n,t) \tag{3-17}$$

广义主动力在转动关节处为驱动力矩，在平移运动中为驱动力。

$$F_i=\frac{\mathrm{d}}{\mathrm{d}t}\left(\frac{\partial L}{\partial \dot{q}_i}\right)-\frac{\partial L}{\partial q_i},i=1,2,3,\cdots,n \tag{3-18}$$

式中，$\dot{q}_i$ 为角速度；n 为连杆数量。

据上述分析，由于肘关节旋内/旋外、腕关节摆动不影响末端的位置变化，对肩部的 L 函数无影响，而且其运动幅度很小，故不考虑这两个驱动力矩。上肢康复机器人结构简图如图 3.5 所示。

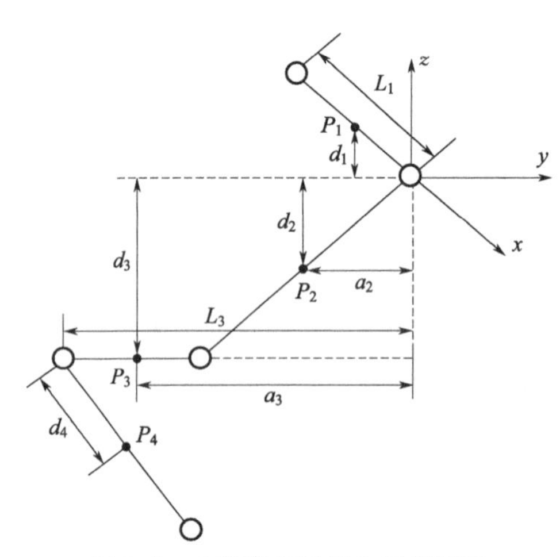

图 3.5　上肢康复机器人结构简图

分析各杆件的势能和动能，杆件 1～4 的势能分别为：

$$\begin{aligned}&P_1=m_1gd_1\\&P_2=m_2g(d_1-d_2)\\&P_3=m_3g(d_1-d_3)\\&P_4=m_4g(d_1-d_4\sin\theta_4-d_3)\\&P=P_1+P_2+P_3+P_4\end{aligned} \tag{3-19}$$

式中，d_1、d_2、d_3 分别为杆件 1、2、3 的质心到基坐标系的 z 轴的距离；d_4 为杆件 4 质心到其转动中心的距离。

由于各连杆动能 K 是由绕各关节轴转动的旋转动能 E 和沿 z 轴的平移动能 V 构成的，设连杆 1 的速度为 v_1，连杆 2、3、4 的角速度分别为 ω_i ($i=$ 2,3,4)。

由图 3.5 可知：

$$v_1=\dot{d}_1, \omega_2=\dot{\theta}_2, \omega_3=\dot{\theta}_3, \omega_4=\dot{\theta}_2+\dot{\theta}_4 \tag{3-20}$$

对于杆件 1，其质心在广义笛卡儿坐标系中的位置可描述为：

$$\begin{cases} x_1=-L_1 \\ y_1=0 \\ z_1=d_1 \end{cases}$$

则有：

$$\begin{cases} \dot{x}_1=0 \\ \dot{y}_1=0 \\ \dot{z}_1=\dot{d}_1 \end{cases} \tag{3-21}$$

其广义速度 $v_1^2=\dot{x}_1^2+\dot{y}_1^2+\dot{z}_1^2=\dot{d}_1^2$，其拉格朗日动能为：

$$K_1=\frac{1}{2}m_1v_1^2=\frac{1}{2}m_1\dot{d}_1^2 \tag{3-22}$$

杆件 2 质心的广义笛卡儿坐标为：

$$\begin{cases} x_2=a_2\sin\theta_2 \\ y_2=-a_2\cos\theta_2 \\ z_2=d_1-d_2 \end{cases}$$

则有：

$$\begin{cases} \dot{x}_2=a_2\dot{\theta}_2\cos\theta_2 \\ \dot{y}_2=a_2\dot{\theta}_2\sin\theta_2 \\ \dot{z}_2^2=\dot{d}_1 \end{cases}$$

$$v_2^2=\dot{x}_2^2+\dot{y}_2^2+\dot{z}_2^2=\dot{d}_1^2+a_2^2\dot{\theta}_2^2 \tag{3-23}$$

则杆件 2 的动能为：

$$K_2=\frac{1}{2}m_2v_2^2+\frac{1}{2}J_2\dot{\theta}_2^2=\frac{1}{2}m_2(\dot{d}_1^2+a_2^2\dot{\theta}_2^2)+\frac{1}{2}J_2\dot{\theta}_2^2 \tag{3-24}$$

杆件 3 质心的广义笛卡儿坐标为：

$$\begin{cases} x_3=a_3\sin\theta_3 \\ y_3=-a_3\cos\theta_3 \\ z_3=d_1-d_3 \end{cases}$$

则有：

$$\begin{cases}\dot{x}_3=a_3\dot{\theta}_3\cos\theta_3\\ \dot{y}_3=a_3\dot{\theta}_3\sin\theta_3\\ \dot{z}_3=\dot{d}_1\end{cases}$$

$$v_3^2=\dot{x}_3^2+\dot{y}_3^2+\dot{z}_3^2=\dot{d}_1^2+a_3^2\dot{\theta}_3^2 \tag{3-25}$$

则杆件 3 的动能为：

$$K_3=\frac{1}{2}m_3v_3^2+\frac{1}{2}J_3\dot{\theta}_3^2=\frac{1}{2}m_3(\dot{d}_1^2+a_3^2\dot{\theta}_3^2)+\frac{1}{2}J_3\dot{\theta}_3^2 \tag{3-26}$$

由运动学方程经坐标变换可知：

$$\begin{cases}x_4=L_3s_2+d_4(c_2c_3c_4-c_2s_3s_4)\\ y_4=-L_3c_2+d_4(s_2c_3c_4-s_2s_3s_4)\\ z_4=d_1-d_3+d_4\sin(\theta_3+\theta_4)\end{cases}$$

$$\begin{cases}\dot{x}_3=L_3\dot{\theta}_2c_2-d_4\dot{\theta}_2s_2c_3c_4-d_4\dot{\theta}_3c_2s_3c_4-d_4\dot{\theta}_4c_2c_3s_4+d_4\dot{\theta}_2s_2c_3s_4-\\ \qquad d_4\dot{\theta}_3c_2c_3s_4-d_4\dot{\theta}_4c_2s_3c_4\\ \dot{y}_3=L_3\dot{\theta}_2s_2+d_4\dot{\theta}_2c_2c_3c_4-d_4\dot{\theta}_3s_2s_3c_4-d_4\dot{\theta}_4s_2c_3s_4-d_4\dot{\theta}_2c_2s_3s_4-\\ \qquad d_4\dot{\theta}_3s_2c_3s_4-d_4\dot{\theta}_4s_2s_3c_4\\ \dot{z}_3=\dot{d}_1+d_4\dot{\theta}_3c_3c_4+d_4\dot{\theta}_4c_3c_4-d_4\dot{\theta}_3s_3s_4-d_4\dot{\theta}_4s_3s_4\end{cases} \tag{3-27}$$

式中，$s_i=\sin\theta_i$；$c_i=\cos\theta_i$。

$$\begin{aligned}v_4^2&=\dot{x}_4^2+\dot{y}_4^2+\dot{z}_4^2\\ &=(L_3\dot{\theta}_2c_2-d_4\dot{\theta}_2s_2c_3c_4-d_4\dot{\theta}_3c_2s_3c_4-d_4\dot{\theta}_4c_2c_3s_4+d_4\dot{\theta}_2s_2c_3s_4-\\ &\quad d_4\dot{\theta}_3c_2c_3s_4-d_4\dot{\theta}_4c_2s_3c_4)^2+(L_3\dot{\theta}_2s_2+d_4\dot{\theta}_2c_2c_3c_4-d_4\dot{\theta}_3s_2s_3c_4-\\ &\quad d_4\dot{\theta}_4s_2c_3s_4-d_4\dot{\theta}_2c_2s_3s_4-d_4\dot{\theta}_3s_2c_3s_4-d_4\dot{\theta}_4s_2s_3c_4)^2+(\dot{d}_1+\\ &\quad d_4\dot{\theta}_3c_3c_4+d_4\dot{\theta}_4c_3c_4-d_4\dot{\theta}_3s_3s_4-d_4\dot{\theta}_4s_3s_4)^2\end{aligned}$$

则杆件 4 的动能为：

$$\begin{aligned}K_4&=\frac{1}{2}m_4v_4^2+\frac{1}{2}J_4\omega_4^2\\ &=\frac{1}{2}m_4[(L_3\dot{\theta}_2c_2-d_4\dot{\theta}_2s_2c_3c_4-d_4\dot{\theta}_3c_2s_3c_4-d_4\dot{\theta}_4c_2c_3s_4+d_4\dot{\theta}_2s_2c_3s_4-\end{aligned}$$

$$d_4\dot\theta_3c_2c_3s_4-d_4\dot\theta_4c_2s_3c_4)^2+(L_3\dot\theta_2s_2+d_4\dot\theta_2c_2c_3c_4-d_4\dot\theta_3s_2s_3c_4-$$

$$d_4\dot\theta_4s_2c_3s_4-d_4\dot\theta_2c_2s_3s_4-d_4\dot\theta_3s_2c_3s_4-d_4\dot\theta_4s_2s_3c_4)^2+(\dot d_1+d_4\dot\theta_3c_3c_4+$$

$$d_4\dot\theta_4c_3c_4-d_4\dot\theta_3s_3s_4-d_4\dot\theta_4s_3s_4)^2]+\frac{1}{2}J_3(\dot\theta_2+\dot\theta_4)^2 \tag{3-28}$$

拉格朗日方程中动势算子：

$$L=(K_1+K_2+K_3+K_4)-(P_1+P_2+P_3+P_4)$$

$$=\frac{1}{2}m_1\dot d_1^2+\frac{1}{2}m_2(\dot d_1^2+a_2^2\dot\theta_2^2)+\frac{1}{2}J_2\dot\theta_2^2+\frac{1}{2}m_3(\dot d_1^2+a_3^2\dot\theta_3^2)+$$

$$\frac{1}{2}J_3\dot\theta_3^2+\frac{1}{2}m_4[(L_3\dot\theta_2c_2-d_4\dot\theta_2s_2c_3c_4-d_4\dot\theta_3c_2s_3c_4-d_4\dot\theta_4c_2c_3s_4+$$

$$d_4\dot\theta_2s_2c_3s_4-d_4\dot\theta_3c_2c_3s_4-d_4\dot\theta_4c_2s_3c_4)^2+(L_3\dot\theta_2s_2+d_4\dot\theta_2c_2c_3c_4-$$

$$d_4\dot\theta_3s_2s_3c_4-d_4\dot\theta_4s_2c_3s_4-d_4\dot\theta_2c_2s_3s_4-d_4\dot\theta_3s_2c_3s_4-d_4\dot\theta_4s_2s_3c_4)^2+$$

$$(\dot d_1+d_4\dot\theta_3c_3c_4+d_4\dot\theta_4c_3c_4-d_4\dot\theta_3s_3s_4-d_4\dot\theta_4s_3s_4)^2]+\frac{1}{2}J_3(\dot\theta_2+\dot\theta_4)^2-$$

$$[m_1gd_1+m_2g(d_1-d_2)+m_3g(d_1-d_3)+m_4g(d_1-d_4s_4-d_3)] \tag{3-29}$$

由式(3-29) 可知，杆件 1 的驱动力为：

$$F_1=\frac{\mathrm{d}}{\mathrm{d}t}\left(\frac{\partial L}{\partial\dot d_1}\right)-\frac{\partial L}{\partial d_1} \tag{3-30}$$

其中：

$$\frac{\partial L}{\partial d_1}=-(m_1+m_2+m_3+m_4)g$$

$$\frac{\partial L}{\partial\dot d_1}=-(m_1+m_2+m_3+m_4)\dot d_1+m_4d_4(\dot\theta_3c_3c_4+\dot\theta_4c_3c_4-\dot\theta_3s_3s_4-\dot\theta_4s_3s_4)$$

$$\frac{\mathrm{d}}{\mathrm{d}t}\left(\frac{\partial L}{\partial\dot d_1}\right)=(m_1+m_2+m_3+m_4)\ddot d_1+m_4d_4(\ddot\theta_3c_3c_4-\dot\theta_3^2s_3c_4-2\dot\theta_3\dot\theta_4c_3s_4+$$

$$\ddot\theta_4c_3c_4-2\dot\theta_3\dot\theta_4s_3c_4-\dot\theta_4^2c_3s_4-\ddot\theta_3s_3s_4-\dot\theta_3^2c_3s_4-\ddot\theta_4s_3s_4-\dot\theta_4^2s_3c_4)$$

所以，

$$F_1=\frac{\mathrm{d}}{\mathrm{d}t}\left(\frac{\partial L}{\partial\dot d_1}\right)-\frac{\partial L}{\partial d_1}=(m_1+m_2+m_3+m_4)(\ddot d_1-g)+m_4d_4(\ddot\theta_3c_3c_4-\dot\theta_3^2s_3c_4-$$

$$2\dot\theta_3\dot\theta_4c_3s_4+\ddot\theta_4c_3c_4-2\dot\theta_3\dot\theta_4s_3c_4-\dot\theta_4^2c_3s_4-\ddot\theta_3s_3s_4-\dot\theta_3^2c_3s_4-\ddot\theta_4s_3s_4-$$

$$\dot\theta_4^2s_3c_4) \tag{3-31}$$

同理可得：

$$\frac{\partial L}{\partial \dot{\theta}_2}=a_2^2\dot{\theta}_2+J_2\dot{\theta}_2+m_4(L_3\dot{\theta}_2c_2-d_4\dot{\theta}_2s_2c_3c_4-d_4\dot{\theta}_3c_2s_3c_4-d_4\dot{\theta}_4c_2c_3s_4+$$

$$d_4\dot{\theta}_2s_2c_3s_4-d_4\dot{\theta}_3c_2c_3s_4-d_4\dot{\theta}_4c_2s_3c_4)(L_3c_2-d_4s_2c_3c_4+d_4s_2c_3s_4)+$$

$$m_4(L_3\dot{\theta}_2s_2+d_4\dot{\theta}_2c_2c_3c_4-d_4\dot{\theta}_3s_2s_3c_4-d_4\dot{\theta}_4s_2c_3s_4-d_4\dot{\theta}_2c_2s_3s_4-$$

$$d_4\dot{\theta}_3s_2c_3s_4-d_4\dot{\theta}_4s_2s_3c_4)(L_3s_2+d_4c_2c_3c_4-d_4c_2s_3s_4)+J_3(\dot{\theta}_2+\dot{\theta}_4)$$

$$\frac{\mathrm{d}}{\mathrm{d}t}\left(\frac{\partial L}{\partial \dot{d}_2}\right)=a_2^2\ddot{\theta}_2+J_2\ddot{\theta}_2+m_4(L_3\ddot{\theta}_2c_2-L_3\dot{\theta}_2^2s_2-d_4\ddot{\theta}_2s_2c_3c_4-d_4\dot{\theta}_2^2c_2c_3c_4+$$

$$d_4\dot{\theta}_2\dot{\theta}_3s_2s_3c_4+d_4\dot{\theta}_2\dot{\theta}_4s_2c_3s_4-d_4\ddot{\theta}_3c_2s_3c_4d_4+\dot{\theta}_2\dot{\theta}_3s_2s_3c_4-$$

$$d_4\dot{\theta}_3^2c_2c_3c_4-d_4\dot{\theta}_3\dot{\theta}_4c_2s_3s_4-d_4\ddot{\theta}_4c_2c_3s_4+d_4\dot{\theta}_2\dot{\theta}_4s_2c_3s_4+$$

$$d_4\dot{\theta}_3\dot{\theta}_4c_2s_3s_4-d_4\dot{\theta}_4^2c_2c_3c_4+d_4\ddot{\theta}_2s_2c_3s_4+d_4\dot{\theta}_2^2c_2c_3s_4-$$

$$d_4\dot{\theta}_2\dot{\theta}_3s_2s_3s_4+d_4\dot{\theta}_2\dot{\theta}_4s_2c_3c_4-d_4\ddot{\theta}_3c_2c_3s_4+d_4\dot{\theta}_2\dot{\theta}_3s_2c_3s_4+$$

$$d_4\dot{\theta}_3^2c_2s_3s_4-d_4\dot{\theta}_3\dot{\theta}_4c_2c_3c_4-d_4\ddot{\theta}_4c_2s_3c_4+d_4\dot{\theta}_2\dot{\theta}_4s_2s_3c_4-$$

$$d_4\dot{\theta}_3\dot{\theta}_4c_2c_3c_4+d_4\dot{\theta}_4^2c_2s_3s_4)(L_3c_2-d_4s_2c_3c_4+d_4s_2c_3s_4)+$$

$$m_4(L_3\dot{\theta}_2c_2-d_4\dot{\theta}_2s_2c_3c_4-d_4\dot{\theta}_3c_2s_3c_4-d_4\dot{\theta}_4c_2c_3s_4+$$

$$d_4\dot{\theta}_2s_2c_3s_4-d_4\dot{\theta}_3c_2c_3s_4-d_4\dot{\theta}_4c_2s_3c_4)(-L_3\dot{\theta}_2s_2-d_4\dot{\theta}_2c_2c_3c_4+$$

$$d_4\dot{\theta}_3s_2s_3c_4+d_4\dot{\theta}_4s_2c_3s_4)+J_3(\ddot{\theta}_2+\ddot{\theta}_4)$$

所以，

$$F_2=\frac{\mathrm{d}}{\mathrm{d}t}\left(\frac{\partial L}{\partial \dot{d}_2}\right)-\frac{\partial L}{\partial d_2}=\frac{\mathrm{d}}{\mathrm{d}t}\left(\frac{\partial L}{\partial \dot{d}_2}\right) \tag{3-32}$$

同理可得：

$$\frac{\partial L}{\partial \dot{\theta}_3}=a_3^2\dot{\theta}_3+J_3\dot{\theta}_3+m_4(L_3\dot{\theta}_2c_2-d_4\dot{\theta}_2s_2c_3c_4-d_4\dot{\theta}_3c_2s_3c_4-d_4\dot{\theta}_4c_2c_3s_4+$$

$$d_4\dot{\theta}_2s_2c_3s_4-d_4\dot{\theta}_3c_2c_3s_4-d_4\dot{\theta}_4c_2s_3c_4)(-d_4c_2s_3c_4-d_4c_2c_3s_4)+$$

$$m_4(L_3\dot{\theta}_2s_2+d_4\dot{\theta}_2c_2c_3c_4-d_4\dot{\theta}_3s_2s_3c_4-d_4\dot{\theta}_4s_2c_3s_4-d_4\dot{\theta}_2c_2s_3s_4-$$

$$d_4\dot{\theta}_3s_2c_3s_4-d_4\dot{\theta}_4s_2s_3c_4)(-d_4s_2s_3c_4-d_4s_2c_3s_4)+m_4(\dot{d}_1+$$

$$d_4\dot{\theta}_3c_3c_4+d_4\dot{\theta}_4c_3c_4-d_4\dot{\theta}_3s_3s_4-d_4\dot{\theta}_4s_3s_4)(d_4c_3c_4-d_4s_3s_4)$$

$$\frac{\mathrm{d}}{\mathrm{d}t}\left(\frac{\partial L}{\partial \dot{d}_3}\right)=a_3^2\ddot{\theta}_3+J_3\ddot{\theta}_3+m_4(L_3\ddot{\theta}_2c_2-L_3\dot{\theta}_2^2s_2-d_4\ddot{\theta}_2s_2c_3c_4-d_4\dot{\theta}_2^2c_2c_3c_4+$$

$$d_4\dot{\theta}_2\dot{\theta}_3s_2s_3c_4+d_4\dot{\theta}_2\dot{\theta}_4s_2c_3s_4-d_4\ddot{\theta}_3c_2s_3c_4d_4+\dot{\theta}_2\dot{\theta}_3s_2s_3c_4-$$
$$d_4\dot{\theta}_3^2c_2c_3c_4-d_4\dot{\theta}_3\dot{\theta}_4c_2s_3s_4-d_4\ddot{\theta}_4c_2c_3s_4+d_4\dot{\theta}_2\dot{\theta}_4s_2c_3s_4+$$
$$d_4\dot{\theta}_3\dot{\theta}_4c_2s_3s_4-d_4\dot{\theta}_4^2c_2c_3c_4+d_4\ddot{\theta}_2s_2c_3s_4+d_4\dot{\theta}_2^2c_2c_3s_4-$$
$$d_4\dot{\theta}_2\dot{\theta}_3s_2s_3s_4+d_4\dot{\theta}_2\dot{\theta}_4s_2c_3c_4-d_4\ddot{\theta}_3c_2c_3s_4+d_4\dot{\theta}_2\dot{\theta}_3s_2c_3s_4+$$
$$d_4\dot{\theta}_3^2c_2s_3s_4-d_4\dot{\theta}_3\dot{\theta}_4c_2c_3c_4-d_4\ddot{\theta}_4c_2s_3c_4+d_4\dot{\theta}_2\dot{\theta}_4s_2s_3c_4-$$
$$d_4\dot{\theta}_3\dot{\theta}_4c_2c_3c_4+d_4\dot{\theta}_4^2c_2s_3s_4)(-d_4c_2s_3c_4-d_4c_2c_3s_4)+$$
$$m_4(L_3\dot{\theta}_2c_2-d_4\dot{\theta}_2s_2c_3c_4-d_4\dot{\theta}_3c_2s_3c_4-d_4\dot{\theta}_4c_2c_3s_4+d_4\dot{\theta}_2s_2c_3s_4-$$
$$d_4\dot{\theta}_3c_2c_3s_4-d_4\dot{\theta}_4c_2s_3c_4)(d_4\dot{\theta}_2s_2s_3c_4-d_4\dot{\theta}_3c_2c_3c_4+d_4\dot{\theta}_4c_2s_3s_4)+$$
$$m_4(d_4\ddot{\theta}_3c_3c_4-d_4\dot{\theta}_3^2s_3c_4-d_4\dot{\theta}_3\dot{\theta}_4c_3s_4+d_4\ddot{\theta}_4c_3c_4-d_4\dot{\theta}_3\dot{\theta}_4s_3c_4-$$
$$d_4\dot{\theta}_4^2c_3s_4-d_4\ddot{\theta}_3s_3s_4-d_4\dot{\theta}_3^2c_3s_4-d_4\dot{\theta}_3\dot{\theta}_4s_3c_4-d_4\ddot{\theta}_4s_3s_4-$$
$$d_4\dot{\theta}_3\dot{\theta}_4c_3s_4-d_4\dot{\theta}_4^2s_3c_4)(d_4c_3c_4-d_4s_3s_4)+m_4(\dot{d}_1+d_4\dot{\theta}_3c_3c_4+$$
$$d_4\dot{\theta}_4c_3c_4-d_4\dot{\theta}_3s_3s_4-d_4\dot{\theta}_4s_3s_4)(-d_4\dot{\theta}_3s_3c_4-d_4\dot{\theta}_4c_3s_4-$$
$$d_4\dot{\theta}_3c_3s_4-d_4\dot{\theta}_4s_3c_4)$$

所以，

$$F_3=\frac{\mathrm{d}}{\mathrm{d}t}\left(\frac{\partial L}{\partial\dot{d}_3}\right)-\frac{\partial L}{\partial d_3}=\frac{\mathrm{d}}{\mathrm{d}t}\left(\frac{\partial L}{\partial\dot{d}_3}\right)\tag{3-33}$$

同理可得：

$$\frac{\partial L}{\partial\dot{\theta}_4}=m_4(L_3\dot{\theta}_2c_2-d_4\dot{\theta}_2s_2c_3c_4-d_4\dot{\theta}_3c_2s_3c_4-d_4\dot{\theta}_4c_2c_3s_4+d_4\dot{\theta}_2s_2c_3s_4-$$
$$d_4\dot{\theta}_3c_2c_3s_4-d_4\dot{\theta}_4c_2s_3c_4)(-d_4\dot{\theta}_4c_2c_3s_4-d_4\dot{\theta}_4c_2s_3c_4)+m_4(L_3\dot{\theta}_2s_2+$$
$$d_4\dot{\theta}_2c_2c_3c_4-d_4\dot{\theta}_3s_2s_3c_4-d_4\dot{\theta}_4s_2c_3s_4-d_4\dot{\theta}_2c_2s_3s_4-d_4\dot{\theta}_3s_2c_3s_4-$$
$$d_4\dot{\theta}_4s_2s_3c_4)(-d_4\dot{\theta}_4s_2c_3s_4-d_4\dot{\theta}_4s_2s_3c_4)+m_4(\dot{d}_1+d_4\dot{\theta}_3c_3c_4+$$
$$d_4\dot{\theta}_4c_3c_4-d_4\dot{\theta}_3s_3s_4-d_4\dot{\theta}_4s_3s_4)(d_4\dot{\theta}_4c_3c_4-d_4\dot{\theta}_4s_3s_4)+J_3(\dot{\theta}_2+\dot{\theta}_4)$$

$$\frac{\mathrm{d}}{\mathrm{d}t}\left(\frac{\partial L}{\partial\dot{d}_4}\right)=m_4(L_3\ddot{\theta}_2c_2-L_3\dot{\theta}_2^2s_2-d_4\ddot{\theta}_2s_2c_3c_4-d_4\dot{\theta}_2^2c_2c_3c_4+d_4\dot{\theta}_2\dot{\theta}_3s_2s_3c_4+$$
$$d_4\dot{\theta}_2\dot{\theta}_4s_2c_3s_4-d_4\ddot{\theta}_3c_2s_3c_4d_4+\dot{\theta}_2\dot{\theta}_3s_2s_3c_4-d_4\dot{\theta}_3^2c_2c_3c_4-$$
$$d_4\dot{\theta}_3\dot{\theta}_4c_2s_3s_4-d_4\ddot{\theta}_4c_2c_3s_4+d_4\dot{\theta}_2\dot{\theta}_4s_2c_3s_4+d_4\dot{\theta}_3\dot{\theta}_4c_2s_3s_4-$$
$$d_4\dot{\theta}_4^2c_2c_3c_4+d_4\ddot{\theta}_2s_2c_3s_4+d_4\dot{\theta}_2^2c_2c_3s_4-d_4\dot{\theta}_2\dot{\theta}_3s_2s_3s_4+$$

$$d_4\dot{\theta}_2\dot{\theta}_4 s_2c_3c_4-d_4\ddot{\theta}_3c_2c_3s_4+d_4\dot{\theta}_2\dot{\theta}_3s_2c_3s_4+d_4\dot{\theta}_3^2c_2s_3s_4-$$
$$d_4\dot{\theta}_3\dot{\theta}_4c_2c_3c_4-d_4\ddot{\theta}_4c_2s_3c_4+d_4\dot{\theta}_2\dot{\theta}_4s_2s_3c_4-d_4\dot{\theta}_3\dot{\theta}_4c_2c_3c_4+$$
$$d_4\dot{\theta}_4^2c_2s_3s_4)(-d_4\dot{\theta}_4c_2c_3s_4-d_4\dot{\theta}_4c_2s_3c_4)+m_4(L_3\dot{\theta}_2c_2-$$
$$d_4\dot{\theta}_2s_2c_3c_4-d_4\dot{\theta}_3c_2s_3c_4-d_4\dot{\theta}_4c_2c_3s_4+d_4\dot{\theta}_2s_2c_3s_4-d_4\dot{\theta}_3c_2c_3s_4-$$
$$d_4\dot{\theta}_4c_2s_3c_4)(-d_4\ddot{\theta}_4c_2c_3s_4+d_4\dot{\theta}_2\dot{\theta}_4s_2c_3s_4+d_4\dot{\theta}_3\dot{\theta}_4c_2s_3s_4-$$
$$d_4\dot{\theta}_4^2c_2c_3c_4-d_4\ddot{\theta}_4c_2s_3c_4+d_4\dot{\theta}_2\dot{\theta}_4s_2s_3c_4-d_4\dot{\theta}_3\dot{\theta}_4c_2c_3c_4+$$
$$d_4\dot{\theta}_4^2c_2s_3s_4)+m_4(d_4\ddot{\theta}_3c_3c_4-d_4\dot{\theta}_3^2s_3c_4-d_4\dot{\theta}_3\dot{\theta}_4c_3s_4+d_4\ddot{\theta}_4c_3c_4-$$
$$d_4\dot{\theta}_3\dot{\theta}_4s_3c_4-d_4\dot{\theta}_4^2c_3s_4-d_4\ddot{\theta}_3s_3s_4-d_4\dot{\theta}_3^2c_3s_4-d_4\dot{\theta}_3\dot{\theta}_4s_3c_4-$$
$$d_4\ddot{\theta}_4s_3s_4-d_4\dot{\theta}_3\dot{\theta}_4c_3s_4-d_4\dot{\theta}_4^2s_3c_4)(d_4\dot{\theta}_4c_3c_4-d_4\dot{\theta}_4s_3s_4)+$$
$$m_4(\dot{d}_1+d_4\dot{\theta}_3c_3c_4+d_4\dot{\theta}_4c_3c_4-d_4\dot{\theta}_3s_3s_4-d_4\dot{\theta}_4s_3s_4)$$
$$(d_4\ddot{\theta}_4c_3c_4-d_4\dot{\theta}_3\dot{\theta}_4s_3c_4-d_4\dot{\theta}_4^2c_3s_4)+J_3(\ddot{\theta}_2+\ddot{\theta}_4)$$

所以，

$$F_4=\frac{\mathrm{d}}{\mathrm{d}t}\left(\frac{\partial L}{\partial \dot{d}_4}\right)-\frac{\partial L}{\partial d_4}=\frac{\mathrm{d}}{\mathrm{d}t}\left(\frac{\partial L}{\partial \dot{d}_4}\right) \tag{3-34}$$

3.3 上肢康复机器人仿真分析

3.3.1 运动学仿真分析

可穿戴式上肢外骨骼康复机器人各关节结构中均采用伺服电机进行驱动，为避免机构在康复过程中对偏瘫患者的肢体造成过大的刚性冲击，基于 Adams 软件对可穿戴式上肢康复机器人运动的平稳性进行仿真分析，并以此为依据为后续康复机器人优化设计奠定基础。选取机器人各关节扭矩以及末端的质心作为测量的对象，驱动电机设定为匀速转动，设置机构的运动时间为 5s，研究肩部关节和肘部关节运动状态，仿真实验结果如图 3.6 和图 3.7 所示。

图 3.6 为各关节运动时关节扭矩随时间变化的曲线，可穿戴式上肢康复机器人模型的初始状态为手臂外展至最大角度的状态，然后内收至最大角位置。其中 Joint1、Joint2、Joint3 为肩部关节分别绕三个轴的三个自由度同时运动时的扭矩变化曲线，Joint4 为肘部关节一个自由度运动时的扭矩变化曲线。由

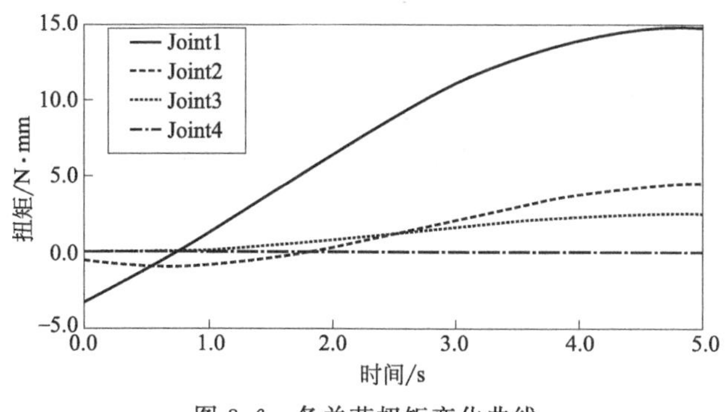

图 3.6　各关节扭矩变化曲线

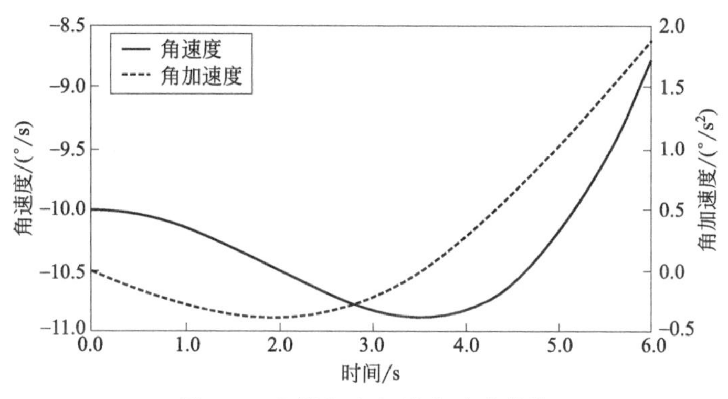

图 3.7　末端角速度/角加速度曲线

图 3.6 可知，除 Joint1 外，各关节扭矩在启动时波动较小，而后逐渐趋于平缓，并趋于一定值，运动曲线平滑。说明各关节匀速运动过程中，关节扭矩波动较小，对手臂无过大冲击。其中，肘部关节自由度扭矩几乎无变化，说明运动过程中，腕部关节所需扭矩很小。

图 3.7 为可穿戴式上肢康复机器人末端运动时角速度与角加速度随时间变化的曲线，可穿戴式上肢康复机器人模型的初始状态为手臂外展至最大角度，之后手臂内收到最大角位置。由图 3.7 可知，各关节扭矩在启动时波动较大，而后随各关节运动，运动曲线一直很平滑。说明各关节匀速运动过程中，末端扭矩波动较小，对手部无较大冲击。

3.3.2 动力学仿真分析

对可穿戴式上肢康复机器人的电机进行选型时，为了确保所选择的电机输出扭矩能够满足康复训练需要，需对可穿戴式上肢外骨骼康复机器人进行动力学仿真[91]。将建立好的可穿戴式上肢康复机器人三维模型导入 Adams 软件中，然后对导入的三维模型进行参数化设置，对机器人各个关节添加驱动。考虑到偏瘫患者肢体关节承载能力不同，在初始状态时选取健康人群多数人能够承受的数值。患者肢体对康复机器人的阻力设定为：水平运动方向上设为100N，竖直运动方向上设为 200N，受力点均在手部接近肘关节处，肩关节旋转运动方向的扭矩设为 4N・m，受力点在前臂的质心位置。仿真的初始位置设定为康复机器人手臂在水平方向并伸向正前方，仿真结果如图 3.8 所示。图中的实线代表电机的扭矩，虚线代表机器人转过的角度。

如图 3.8 所示，虚线为关节转角变化曲线，变量设为 θ，实线为关节扭矩变化曲线，变量设为 T。图 3.8(a) 为可穿戴式上肢康复机器人不同时刻肩关

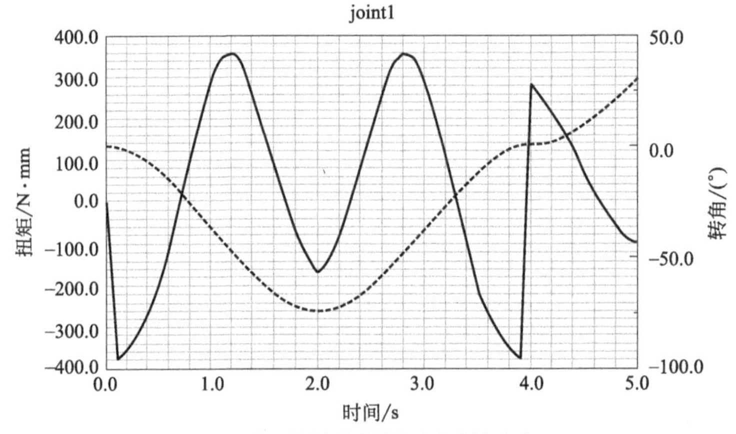

(a) 不同时刻肩关节绕竖直方向转动时的转角与驱动电机输出扭矩

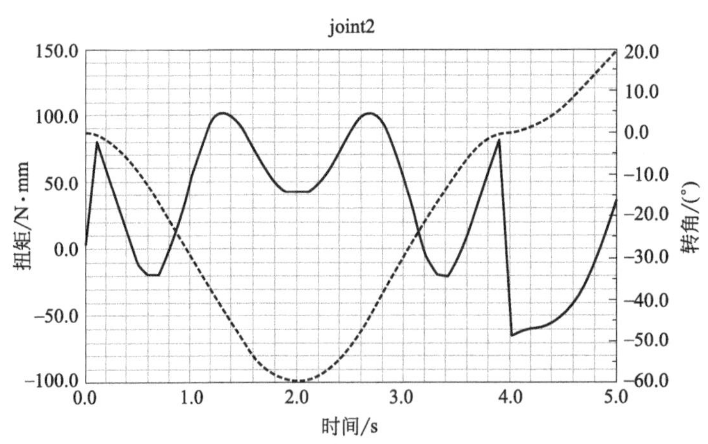

(b) 肩水平运动时的转角与齿轮上的扭矩

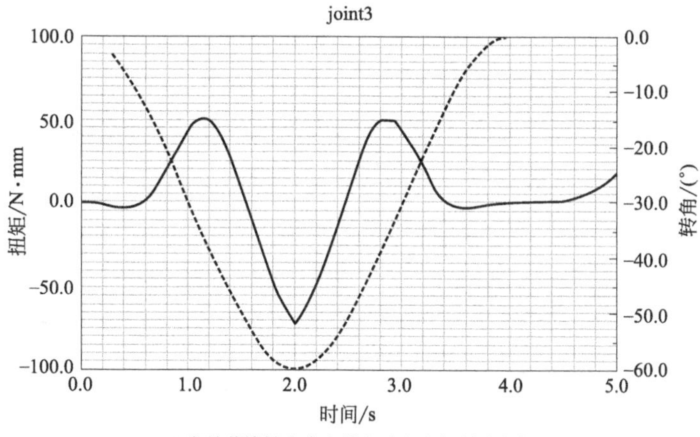

(c) 肩关节旋转方向上的角度与电机输出扭矩

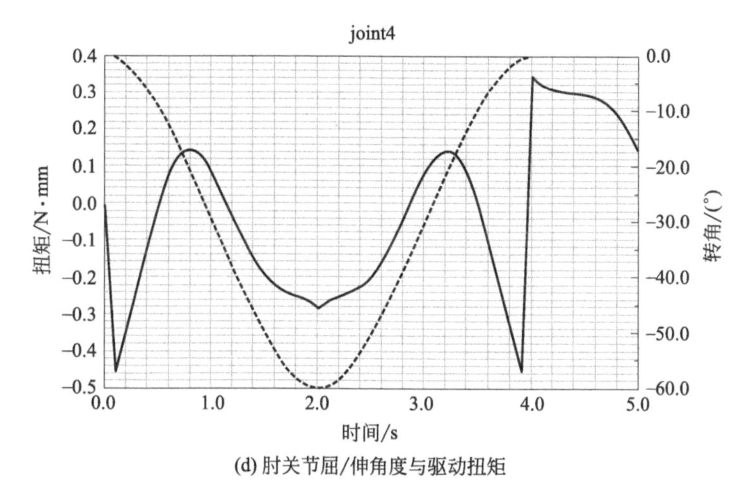

(d) 肘关节屈/伸角度与驱动扭矩

图 3.8　各关节扭矩和角度变化曲线

节绕竖直方向运动时的转角与驱动电机输出扭矩曲线，康复机器人从起始位置先内收至最大角，之后回到初始位置，然后再外展至最大角。从图中仿真曲线可以看出，手臂外展至最大角时所需要的扭矩较大，但此时康复机器人机构离静平衡的位置最远。图 3.8(b) 为肩水平运动时的转角与齿轮上的扭矩曲线，康复机器人首先上摆至最低点，然后回到初始点，最后向下摆至最大角位置。水平方向上的运动最大扭矩出现在上摆至最高点位置附近，此处所需持续扭矩时间较大，说明电机持续工作。图 3.8(c) 为肩关节旋转方向上的角度与电机输出扭矩曲线，前臂首先向旋内转 60°，之后再向旋外转 60°，最后回到起始位置。在此运动过程中，驱动电机通过机构中的齿轮和弧形齿条来传递扭矩，为肘部提供稳定扭矩输出。图 3.8(d) 为肘关节屈/伸角度与驱动扭矩曲线。手端部负载随角度增大偏离静平衡位置，扭矩变大。由图 3.8 可以看出，经过齿轮齿条进行变速，驱动电机的输出扭矩能够达到几 N·m 到几十 N·m。其中肩关节竖直方向的扭矩较大，采用直驱方法来输出扭矩能够降低机构对电机的输出性能要求。依据仿真所得的结果，驱动电机选用带行星减速器的直流步进伺服电机，在保证动力的同时，确保了运动的精确性。

3.4 康复机器人关节空间轨迹规划

外骨骼式上肢康复机器人在康复训练过程中，需对所进行的康复训练任务设定相应的康复运动轨迹。为了更好地完成特定的康复运动任务，寻找最优的康复训练路径，需要对所设计的康复机器人运动轨迹进行规划。当康复训练路径中无障碍物或路径较短时，不需要进行复杂的路径规划，直接让康复机器人装置从起点运行到终点即可。对康复机器人进行轨迹规划研究可对机器人速度、加速度等信息进行约束，根据运动学来对康复设备进行控制，使其按照预定的康复轨迹平稳运动[92]。外骨骼式上肢康复机器人需要在安全的前提下，保证康复效果的同时，规划出符合人体上肢运动规律和康复医学规律的机器人轨迹。为了保证康复运动训练轨迹的柔性顺，轨迹函数需要连续可导，运动速度、加速度连续，避免对患肢产生刚性以及柔性冲击，确保康复机器人各关节的运动量在其极限范围内[93]。

机器人轨迹规划方法通常分为笛卡儿坐标空间轨迹规划和关节空间轨迹规划两种[94]。笛卡儿坐标空间轨迹规划方法是给出机器人末端在笛卡儿坐标系中的多个坐标，选择适合的多项式函数对坐标点进行插值，将机器人末端位姿、速度和加速度表示为时间的函数，再通过运动学逆解求解各关节运动参数，完成轨迹规划。关节空间轨迹规划方法是给定初始位置以及终止位置的关节角度，将关节运动变量转化为时间函数，选择多项式函数进行插补运算，确保关节运动速度平滑且加速度连续，并且不超出关节极限运动范围[95]。为了方便对偏瘫患者的上肢各关节进行特定角度范围的康复训练，减少计算量，根据康复机器人位置准确和运行平稳的基本要求，本节选用五次多项式对可穿戴式上肢康复机器人进行关节空间轨迹规划，确保所规划的轨迹速度平滑、加速度连续。

在关节空间中，假设康复机器人某关节在约束起始 t_0 时刻和终止 t_n 时刻所对应的关节角分别为θ_0和θ_n，则可用平滑的五次多项式插值函数θ_t来描述起止点之间的运动轨迹，即

$$\theta(t)=m_0+m_1t+m_2t^2+m_3t^3+m_4t^4+m_5t^5 \tag{3-35}$$

关节处的速度公式为式(3-35)的一阶导数，表示为：

$$\dot{\theta}(t)=m_1+2m_2t+3m_3t^2+4m_4t^3+5m_5t^4 \tag{3-36}$$

关节处的加速度公式为式(3-35)的二阶导数，表示为：

$$\ddot{\theta}(t)=2m_2+6m_3t+12m_4t^2+20m_5t^3 \tag{3-37}$$

其中，$\ddot{\theta}(t_0)=a_0$，$\ddot{\theta}(t_n)=a_n$，将上述公式进行推导：

$$\begin{cases}\theta(t_0)=m_0+m_1t+m_2t^2+m_3t^3+m_4t^4+m_5t^5=\theta_0\\ \theta(t_n)=m_0+m_1t_n+m_2t_n^2+m_3t_n^3+m_4t_n^4+m_5t_n^5=\theta_n\\ \dot{\theta}(t_0)=m_1+2m_2t_0+3m_3t_0^2+4m_4t_0^3+5m_5t_0^4=\nu_0\\ \dot{\theta}(t_n)=m_1+2m_2t_n+3m_3t_n^2+4m_4t_n^3+5m_5t_n^4=\nu_n\\ \ddot{\theta}(t_0)=2m_2+6m_3t_0+12m_4t_0^2+20m_5t_0^3=\ddot{\theta}_0\\ \ddot{\theta}(t_n)=2m_2+6m_3t_n+12m_4t_n^2+20m_5t_n^3=\ddot{\theta}_n\end{cases} \tag{3-38}$$

假设起始时间与终止时间均为0，则可知：

$$\begin{cases}m_0=\theta_0\\ m_1=\nu_0\\ m_2=a^2/2\\ m_3=[20\theta_n-20\theta_0-(8\nu_n+12\nu_0)t_n-(3a_0-a_n)t_n^2]/2t_n^3\\ m_4=[30\theta_n-30\theta_0-(14\nu_n+16\nu_0)t_n-(3a_0+a_n)t_n^2]/2t_n^4\\ m_5=[12\theta_n-12\theta_0-(6\nu_n+6\nu_0)t_n-(3a_0-a_n)t_n^2]/2t_n^5\end{cases} \tag{3-39}$$

关节空间中点到点的运动要求$\dot{\theta}_0=\dot{\theta}_n=0$，$\ddot{\theta}_0=\ddot{\theta}_n=0$，可求出式(3-39)中的各系数。推导得出关节角度位置、角速度和角加速度的函数式为：

$$\begin{cases}\theta_t=\dfrac{6(\theta_n-\theta_0)}{t_n^5}t^5-\dfrac{15(\theta_n-\theta_0)}{t_n^4}t^4+\dfrac{10(\theta_n-\theta_0)}{t_n^3}t^3+\theta_0\\ \dot{\theta}_t=\dfrac{30(\theta_n-\theta_0)}{t_n^5}t^4-\dfrac{60(\theta_n-\theta_0)}{t_n^4}t^3+\dfrac{30(\theta_n-\theta_0)}{t_n^3}t^2\\ \ddot{\theta}_t=\dfrac{120(\theta_n-\theta_0)}{t_n^5}t^3-\dfrac{180(\theta_n-\theta_0)}{t_n^4}t^2+\dfrac{60(\theta_n-\theta_0)}{t_n^3}t\end{cases} \tag{3-40}$$

由于可穿戴式上肢康复机器人系统进行康复的目的是维持偏瘫患者患肢的关节活动度、防止患肢肌肉萎缩、增强患肢肌力、促进患肢功能恢复，因此以日常上肢的提拉抬肘动作为例，对所设计的机器人进行关节空间的轨迹规划。首先，设定提拉抬肘动作的起始位置，关节角度设定为 $\boldsymbol{p}_0=[-90°, 45°, 0°, -90°]$，完成动作时机器人末端所对应的关节角度设定为 $\boldsymbol{p}_1=[-90°, 90°, 0°, -30°]$，利用所得的五次多项式插值函数，在 Matlab 软件中对提拉抬肘动作进行轨迹规划，设置系统运行时间为 10s，采样间隔为 0.1s，在动作过程中通过绘制曲线图得到各关节的角位移曲线（如图 3.9 所示）、各关节角速度曲线（如图 3.10 所示）以及各关节角加速度曲线（如图 3.11 所示）。

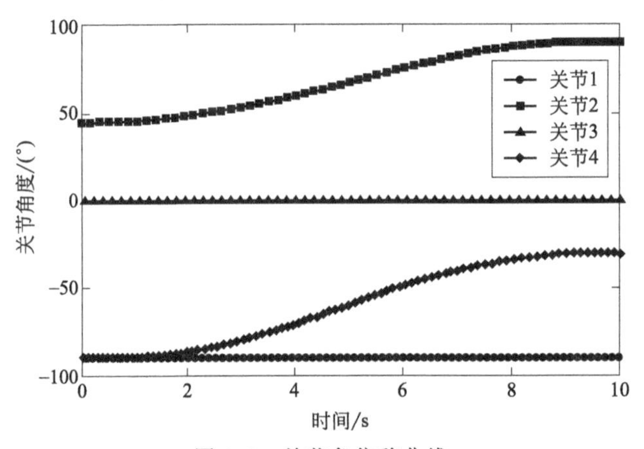

图 3.9　关节角位移曲线

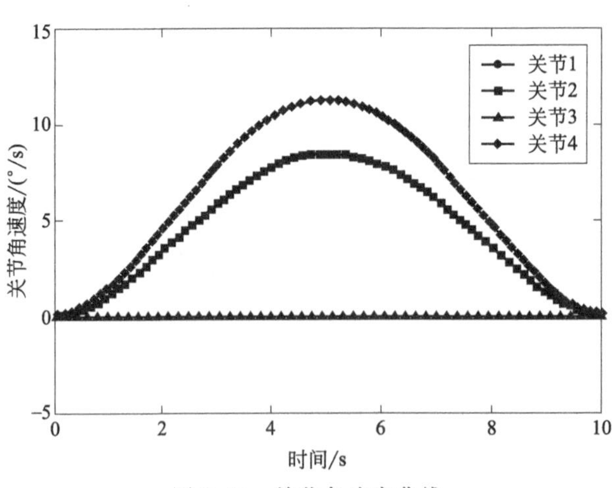

图 3.10　关节角速度曲线

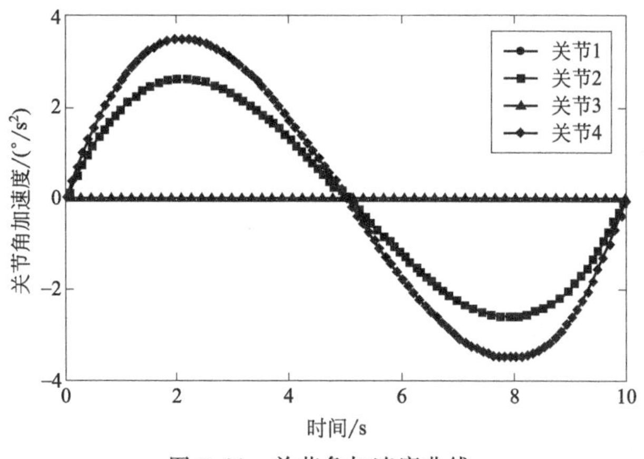

图 3.11　关节角加速度曲线

图 3.9 所示为可穿戴式上肢康复机器人关节角位移曲线，系统中关节 1 和关节 3 角度不发生变化，关节 2 从 45°运动到 90°，关节 4 从 －90°运动到 －30°，通过轨迹曲线可看出，各关节运动较为平稳、光滑。图 3.10 所示为可穿戴式上肢康复机器人各关节角速度曲线，各关节的初始速度和终止速度均为 0，角速度函数是连续的，机器人在运动过程中平稳、无刚性冲击。图 3.11 所示为可穿戴式上肢康复机器人各关节角加速度曲线，各关节的初始位置和终止位置加速度均为 0，未发生柔性冲击。在提拉抬肘动作的轨迹规划中，机器人末端运行平稳，速度与加速度连续，无刚性和柔性冲击，满足轨迹规划要求，轨迹规划合理，具有完成多个关节复合康复运动的能力。

3.5　本章小结

本章在机器人结构基础上，基于 D-H 参数法建立了机器人本体参数模型，根据空间坐标向量之间的平移、旋转关系，对运动序列进行建模分析，求解正运动学，并通过封闭解法求解逆运动学。运用蒙特卡罗法完成康复机器人执行机构运动空间的求解，并验证了上肢康复机器人的极限位置与人体上肢动态极限位置的一致性。对机器人的运动学与动力学进行仿真分析，得到各关节扭矩变化曲线、末端角速度/角加速度曲线、各关节扭矩和角度变化曲线，验证了所设计的上肢康复机器人结构的合理性。基于运动学分析结果，提出五次多项式函数关节空间轨迹规划方法，并基于 Matlab 对上肢抬肘运动进行轨迹规划仿真，验证了康复运动过程中运动能力及设计的合理性。

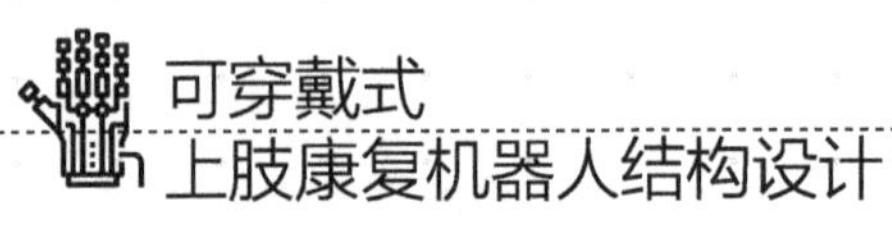
可穿戴式
上肢康复机器人结构设计

第4章

绳索驱动腕部柔性并联机构力学性能分析

腕关节机构是由绳索以及压缩弹簧组成的柔性并联机构，对其进行分析时不仅需要对并联机构中绳索长度、绳索拉力、压缩弹簧变形以及并联机构的工作空间等进行分析，还需要对柔性并联机构中系统柔性振动以及机构的运动控制进行分析。针对腕关节柔性并联机构支撑弹簧具有侧向弯曲的特性，通过只考虑弹簧柔性振动（轴向柔性振动和径向柔性振动）以及考虑弹簧轴向位移和柔性振动两种工况，分析腕部柔性并联机构小挠度和大挠度情况下机构的力学性能，提出一种有限转动张量和力与力矩平衡方程相结合的方法，构建腕部柔性并联机构参数模型，分析系统逆运动学与静力学，并通过仿真分析验证腕部柔性并联机构设计的合理性和分析方法的正确性。

4.1 腕关节并联机构小挠度性能分析

4.1.1 考虑柔性振动因素的系统动力学建模

绳索驱动并联机构是将驱动器的运动状态和力以驱动绳索为介质，转换为末端执行器的运动状态和力。绳索驱动并联机构是一类利用绳索代替刚性杆驱动的并联机构[96]。与刚性杆不同，绳索只能提供拉力，因此绳索在机构的工作空间内应该始终保持张紧状态，一旦绳索松弛，机构的结构就会瓦解。在绳索驱动机构中，末端执行器使用数根绳索连接到定平台上，通过调节绳索长度或绳索拉力去驱动末端执行器向期望的位置和方向运动。这种结构特性决定了绳索驱动并联机构（相较于常规驱动机构）具有可重构性、惯性低、操纵快、工作空间大、负载质量比高、可远程驱动等优点。

所设计的腕关节并联机构以圆锥压缩弹簧模拟人体腕部关节，3 根绳索模拟腕部肌肉。由于绳索结构只能施加单向的拉力而不能产生推力，所以必须有冗余力才能实现并联机构力的闭合。为了得到 η 个自由度的绳索驱动并联机构并获得正向的绳索拉力，必须有 $\eta+1$ 根绳索作为驱动元件。弹簧长度在受力过程中是变化的，既可承受机构的压力又可承受拉力。为了在绳索牵引的并联机构中获得一个大小和方向均可以随末端执行器运动而改变的被动力，在并联机构中加入了弹簧[97]。在所设计的结构中选择合适的弹簧布置位置和参数（初始长度、刚度系数），能够有效减少机构的驱动器个数，构成驱动器个数与并联机构能实现的自由度数目相等的机构，使并联机构控制起来更加方便[98]。因此，所设计的并联机构中可实现 2 自由度运动只需要 3 根 120°分布的绳索驱动动平台。在动平台和定平台上3根绳索均采用等弧长分布。

基于绳索驱动的仿生柔性腕部并联机构原理图如图4.1所示。它主要由基座(定平台)、动平台、绳索、弹簧4部分组成。定平台是并联机构中的固定部分，在定平台上定义并联机构的全局坐标系$OXYZ$，坐标系的原点O位于定平台的几何中心处，坐标轴Y沿OP_1方向，坐标轴X垂直于坐标轴Y，坐标轴Z向上垂直于定平台所在平面，用右手法则来确定。动平台是并联机构的非固定部分，3根绳索通过3台电机进行驱动[99]。在动平台上定义柔性并联机构的局部坐标系$oxyz$。坐标系的原点o位于动平台弹簧顶部的几何中心处，坐标轴y沿oQ_1方向，坐标轴x垂直于坐标轴y，坐标轴z向上垂直于动平台所在平面。并联机构中的绳索是忽略质量和直径的3根柔性绳索，每根绳索的一端固定于动平台上的点$Q_i(i=1,2,3)$，另一端与驱动电机的输出端进行固定，绳索经过点P_i穿过定平台。在初始状态（无负载的自然状态）下，$\overrightarrow{OP_i}$和$\overrightarrow{oQ_i}$沿同一方向，P_i和Q_i在半径分别为$|OP_i|=a$和$|oQ_i|=b$的圆中等距离均布。T_i表示绳索的拉力，P_i与Q_i之间的绳长为l_i，每根绳索的拉力方向为沿绳方向（单位向量为$\boldsymbol{u}_i$）；弹簧固定连接在定平台和动平台中间，利用弹簧所产生的力或力矩来支撑腕部并联机构负荷并实现腕关节的运动。

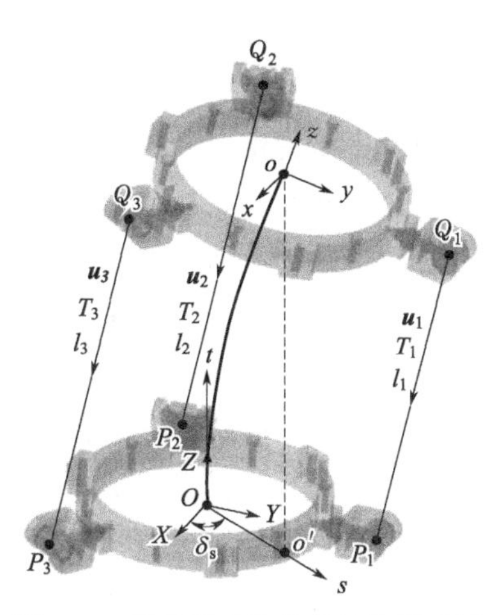

图4.1 绳索驱动的并联机构原理图

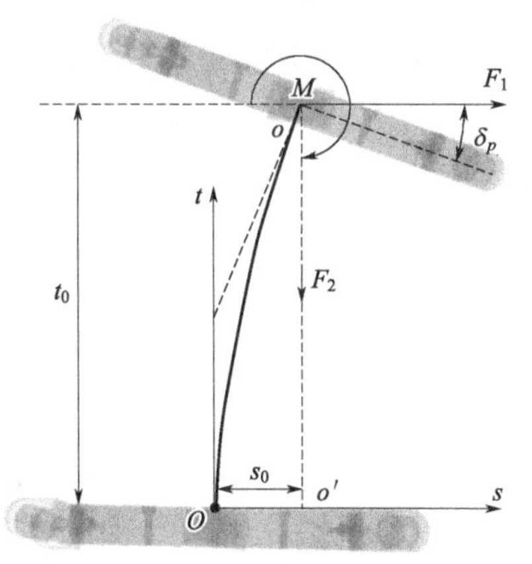

图4.2 弯曲平面内等效力系统

图4.2，中O点和o点之间是一条曲线。在O点处，曲线的切线方向垂直于基座所在的平面；在o点处，曲线的切线方向垂直于并联机构中动平台所在的平面。为了更方便对并联机构进行分析，对弹簧进行定义，定义弹簧只能在同一个平面内进行弯曲，并且在弯曲过程中弹簧具有较大的抗扭强度。因此可以认为动平台在局部坐标系$oxyz$中的z轴方向不会发生转动。同时，在Ooo'平面内

引入直角坐标系Ost（o'为动平台中心点o在定平台所在平面OXY上的投影），其原点与全局坐标系$OXYZ$的原点O相同，t轴与Z轴重合，s轴沿着射线Oo'方向。

根据设定的情况，动平台的结构可量化出4个参数：δ_s为s轴与X轴的夹角，表示弹簧的弯曲方向；δ_p为定平台所在平面与动平台所在平面之间的夹角，表示弹簧弯曲的幅度；t_0为动平台原点到定平台平面的垂直距离；s_0为定平台原点O与o'之间的距离。动平台在全局坐标系$OXYZ$中的姿态用参数δ_s、δ_p表示，动平台在全局坐标系$OXYZ$中的位置用参数t_0、s_0表示。由于弹簧存在柔性特征，所以弹簧存在侧向弯曲特征方程的约束，这样就使得参数t_0、s_0中只有一个独立。因此，对于上述结构中的4个参数，只有3个独立。为了不失一般特性，将参数s_0看作是其他3个参数的从属参数，参数s_0可以由δ_s、δ_p、t_0得到，一般情况下看作由其他3个参数决定的伴随运动。并联机构中的自由度数量是定义机构配置的独立坐标的个数，所以该并联机构只有δ_s、δ_p、t_0三个自由度。并联机构中动平台的姿态用δ_s、δ_p来描述，在给定其值的情况下，能够得到动平台的姿态变换矩阵。

在所设计的并联机构中，系统的动力学模型仅考虑弹簧柔性振动（轴向柔性振动和径向柔性振动）。为了描述不同基点的不同基之间的几何关系，需要对方向余弦矩阵进行扩展。将方向余弦矩阵扩展为4阶方阵，实现不同坐标系之间的变换，为此，除矢量对基坐标矢量的3个投影以外，增加数字1作为第4坐标，成为矢量的齐次坐标。作为方向余弦矩阵处理刚体转动功能的扩展，齐次坐标变换矩阵能处理刚体转动兼有移动的变化过程。此时，使用齐次坐标变换矩阵进行坐标变换与使用方向余弦矩阵的坐标变换完全相同。

全局坐标系$OXYZ$下，位于定平台上P_i点的齐次坐标（${}^O\boldsymbol{p}_1$,${}^O\boldsymbol{p}_2$,${}^O\boldsymbol{p}_3$）可以表示为：

$${}^O\boldsymbol{p}_1=[0,a,0,1]^{\mathrm{T}}$$

$${}^O\boldsymbol{p}_2=\left[-\frac{\sqrt{3}}{2}a,-\frac{1}{2}a,0,1\right]^{\mathrm{T}}$$

$${}^O\boldsymbol{p}_3=\left[\frac{\sqrt{3}}{2}a,-\frac{1}{2}a,0,1\right]^{\mathrm{T}}$$

局部坐标系$oxyz$下，位于动平台上的Q_i点的齐次坐标（${}^o\boldsymbol{q}_1$,${}^o\boldsymbol{q}_2$,${}^o\boldsymbol{q}_3$）可以表示为：

$${}^o\boldsymbol{q}_1=[0,b,0,1]^{\mathrm{T}}$$

$$^{o}\boldsymbol{q}_2=\left[-\frac{\sqrt{3}}{2}b,-\frac{1}{2}b,0,1\right]^{\mathrm{T}}$$

$$^{o}\boldsymbol{q}_3=\left[\frac{\sqrt{3}}{2}b,-\frac{1}{2}b,0,1\right]^{\mathrm{T}}$$

利用有限转动张量的坐标矩阵公式得到从局部坐标系至全局坐标系的有限转动矩阵 $\underline{\mathbf{A}}$，即

$$\underline{\mathbf{A}}=\cos\delta_p\underline{\boldsymbol{E}}+(1-\cos\delta_p)\underline{\boldsymbol{\omega}}\underline{\boldsymbol{\omega}}^{\mathrm{T}}+\sin\delta_p\underline{\hat{\boldsymbol{\omega}}} \tag{4-1}$$

式中，$\underline{\boldsymbol{\omega}}=[-\sin\delta_s \quad \cos\delta_s \quad 0]$；$\hat{\boldsymbol{\omega}}$ 为 $\underline{\boldsymbol{\omega}}$ 的反对称坐标矩阵；$\underline{\boldsymbol{E}}$ 为单位向量矩阵。

$$\underline{\hat{\boldsymbol{\omega}}}=\begin{bmatrix}0 & 0 & \cos\delta_s\\ 0 & 0 & \sin\delta_s\\ -\cos\delta_s & -\sin\delta_s & 0\end{bmatrix} \tag{4-2}$$

则有限转动矩阵：

$$\underline{\mathbf{A}}=\cos\delta_p\underline{\boldsymbol{E}}+(1-\cos\delta_p)\begin{bmatrix}-\sin\delta_s\\ \cos\delta_s\\ 0\end{bmatrix}[-\sin\delta_s \quad \cos\delta_s \quad 0]+$$

$$\sin\delta_p\begin{bmatrix}0 & 0 & \cos\delta_s\\ 0 & 0 & \sin\delta_s\\ -\cos\delta_s & -\sin\delta_s & 0\end{bmatrix}$$

$$=\cos\delta_p\begin{bmatrix}1 & 0 & 0\\ 0 & 1 & 0\\ 0 & 0 & 1\end{bmatrix}+(1-\cos\delta_{\mathrm{p}})\begin{bmatrix}\sin^2\delta_s & -\sin\delta_s\cos\delta_s & 0\\ -\sin\delta_s\cos\delta_s & \cos^2\delta_s & 0\\ 0 & 0 & 0\end{bmatrix}+$$

$$\sin\delta_p\begin{bmatrix}0 & 0 & \cos\delta_s\\ 0 & 0 & \sin\delta_s\\ -\cos\delta_s & -\sin\delta_s & 0\end{bmatrix}$$

$$=\begin{bmatrix}\cos\delta_p+(1-\cos\delta_p)\sin^2\delta_s & -(1-\cos\delta_p)\sin\delta_s\cos\delta_s & \sin\delta_p\cos\delta_s\\ -(1-\cos\delta_p)\sin\delta_s\cos\delta_s & \cos\delta_p+(1-\cos\delta_p)\cos^2\delta_s & \sin\delta_p\sin\delta_s\\ -\sin\delta_p\cos\delta_s & -\sin\delta_p\sin\delta_s & \cos\delta_p\end{bmatrix} \tag{4-3}$$

令 $\hat{t}_{11}=\sin^2\delta_s+\cos^2\delta_s\cos\delta_p$；$\hat{t}_{12}=(\cos\delta_p-1)\cos\delta_s\sin\delta_s$；$\hat{t}_{13}=$

$\sin\delta_p \cos\delta_s$；$\hat{t}_{21}=(\cos\delta_p-1)\sin\delta_s\cos\delta_s$；$\hat{t}_{22}=\cos^2\delta_s+\cos\delta_p\ \sin^2\delta_s$；$\hat{t}_{23}=\sin\delta_p\sin\delta_s$；$\hat{t}_{31}=-\sin\delta_p\cos\delta_s$；$\hat{t}_{32}=-\sin\delta_p\sin\delta_s$；$\hat{t}_{33}=\cos\delta_p$，则局部坐标系至全局坐标系下的齐次坐标变换矩阵 ${}^O\boldsymbol{T}_o$ 可表示为：

$$
{}^O\boldsymbol{T}_o=\begin{bmatrix} \hat{t}_{11} & \hat{t}_{12} & \hat{t}_{13} & s_0\cos\delta_s \\ \hat{t}_{21} & \hat{t}_{22} & \hat{t}_{23} & s_0\sin\delta_s \\ \hat{t}_{31} & \hat{t}_{32} & \hat{t}_{33} & t_0 \\ 0 & 0 & 0 & 1 \end{bmatrix} \tag{4-4}
$$

4.1.2 逆运动学和静力学分析

在柔性并联机构的逆运动学分析中，通过给定柔性并联机构所需的动平台的姿态矩阵，求解绳索的长度 ρ_i。

令 $\boldsymbol{x}=[\delta_s,\ \ \delta_p,\ \ t_0]^{\mathrm{T}}\in\underline{\boldsymbol{R}}^3$，$\boldsymbol{q}=[\rho_1,\ \ \rho_2,\ \ \rho_3]^{\mathrm{T}}\in\underline{\boldsymbol{R}}^3$，则两者之间的关系可表示为：

$$
\boldsymbol{q}=f(\boldsymbol{x}),f:\underline{\boldsymbol{R}}^3\rightarrow\underline{\boldsymbol{R}}^3
$$

如果通过 $\boldsymbol{x}$ 求解得到 s_0，则 ${}^O\boldsymbol{T}_o$ 可以确定，并联机构中每个绳索的长度由 $\rho_i=\|{}^O\boldsymbol{a}_i-{}^O\boldsymbol{T}_o\boldsymbol{b}_i\|$ 求得。由于 s_0 是弹簧在侧弯过程中所产生的一种伴随性运动，它的值不能随意给定，s_0 是由施加在弹簧上的力所产生的，而施加在弹簧上的力是由 3 根绳索所承受的拉力和负载重力产生的。为了方便求解，将结合绳索并联机构的逆运动学和静力学进行分析。

(1) 弹簧静力学方程

本书中所设计的并联机构将所有的绳索拉力转换为施加在弹簧顶端中心的等效力和等效力矩。假设并联机构中所有的绳索拉力都能够转换为弹簧弯曲平面 Ost 内的力和力矩，如果不能进行转换，则说明弹簧不能在该平面内进行弯曲[100]。如图 4.2 所示，所有绳索的拉力可等效为 Ost 平面内两个相互垂直的力 F_1、F_2 和一个过 o 点垂直于弹簧弯曲平面 Ost 的力矩 M，然后结合弹簧的侧向弯曲方程和施加在动平台上的力和力矩平衡方程去求解，最后求解机构的运动学。

通过分析弹性棒的方法来解决螺旋压缩弹簧的侧向弯曲问题，对于可压缩的弹性棒，是不能忽略弹簧的压缩变化的[101]。柔性弹簧在两个力 F_1、F_2 和一个力矩 M 的作用下产生弯曲。假设绳索驱动的仿生柔性并联机构可以在小挠度范围内发生弯曲，并且只考虑弹簧的线性弯曲曲线。对于弹簧的任意截面，可以得到小幅度弯曲的线性方程：

$$\beta\frac{d^2 s}{dt^2}=M+F_2(s_0-s)+F_1(t_0-t) \tag{4-5}$$

其中，弹簧压缩后的抗弯刚度用β表示。基于弹簧抗弯刚度β_0和弹簧长度（初始长度ρ_0和压缩后的长度t_0），β可表示为：

$$\beta=\beta_0\frac{t_0}{\rho_0}$$

连接定平台的固定端和连接动平台的自由端的初始条件为：

$$s(0)=0,\dot{s}(0)=0,s(t_0)=s_0,\dot{s}(t_0)=\tan\delta_p \tag{4-6}$$

式中，$\dot{s}=\frac{ds}{dt}$

F_1和M能够用含有参数的s_0的式子表示：

$$F_1=D_1 s_0+E_1 \tag{4-7}$$

$$M=D_2 s_0+E_2 \tag{4-8}$$

为方便表达，通过D_1、D_2、E_1和E_2四个参数进行表达，其中

$D_1=-\frac{a_2c_1-a_1c_2}{a_2b_1-a_1b_2}$；$E_1=-\frac{a_2d_1-a_1d_2}{a_2b_1-a_1b_2}$；$D_2=-\frac{b_2c_1-b_1c_2}{a_1b_2-a_2b_1}$；$E_2=-\frac{b_2d_1-b_1d_2}{a_1b_2-a_2b_1}$；$a_1=1-\cos\left(\sqrt{\frac{F_2}{\beta}}t_0\right)$；$b_1=\sqrt{\frac{\beta}{F_2}}\sin\left(\sqrt{\frac{F_2}{\beta}}t_0\right)-t_0\cos\left(\sqrt{\frac{F_2}{\beta}}t_0\right)$；$c_1=-F_2\cos\left(\sqrt{\frac{F_2}{\beta}}t_0\right)$；$d_1=0$；$a_2=\sqrt{\frac{F_2}{\beta}}\sin\left(\sqrt{\frac{F_2}{\beta}}t_0\right)$；$b_2=\cos\left(\sqrt{\frac{F_2}{\beta}}t_0\right)+t_0\sqrt{\frac{F_2}{\beta}}\sin\left(\sqrt{\frac{F_2}{\beta}}t_0\right)-1$；$c_2=F_2\sqrt{\frac{F_2}{\beta}}\sin\left(\sqrt{\frac{F_2}{\beta}}t_0\right)$；$d_2=-F_2\tan\delta_p$。

t_0为近似弹簧压缩后的长度，而在实际中只有当弹簧未发生任何弯曲（$\delta_p=0$）时，压缩后的弹簧长度才等于t_0。由于所使用的弹簧在实际应用过程中变形量较小，如果$\delta_p\neq 0$，压缩后的弹簧长度可以用参数t_0近似表示。因此，变量F_2可以使用胡克定律来近似表示：

$$F_2\approx K(\rho_0-t_0) \tag{4-9}$$

式中，K表示弹簧的刚度系数；ρ_0表示弹簧的原始长度。

（2）力和力矩平衡方程

一般情况下，假设所有的绳索能够产生拉力来实现动平台的平衡，不受其他外力的作用，动平台可被看作是位于动平台中心o点处一个质量为m的质点。因此，动平台的力和力矩的平衡方程为：

$$\begin{cases}\sum_{i=1}^{3}\boldsymbol{T}_i^O\boldsymbol{u}_i+\boldsymbol{F}=\boldsymbol{0}\\ \sum_{i=1}^{3}{}^O\boldsymbol{r}_i\times\boldsymbol{T}_i{}^O\boldsymbol{u}_i+\boldsymbol{M}=\boldsymbol{0}\end{cases}\tag{4-10}$$

式中，$\boldsymbol{F}=[F_1\cos\delta_s,F_1\sin\delta_s,F_2-mg]^{\mathrm{T}}$；$\boldsymbol{M}=[-M\sin\delta_s,M\cos\delta_s,0]^{\mathrm{T}}$；${}^O\boldsymbol{u}_i=({}^O\boldsymbol{a}_i-{}^O\boldsymbol{T}_o{}^O\boldsymbol{b}_i)/\|{}^O\boldsymbol{a}_i-{}^O\boldsymbol{T}_o{}^O\boldsymbol{b}_i\|$；${}^O\boldsymbol{r}_i={}^O\boldsymbol{R}_o\times\overrightarrow{oQ_i}$。

式(4-10) 中共有 7 个未知量，分别为 T_1、T_2、T_3、F_1、F_2、M 和 s_0。通过消除 T_1、T_2、T_3 可得到只含有 F_1、F_2、M 和 s_0 四个未知量的方程。由弹簧的压缩和弯曲方程可知，三个未知量 F_1、F_2、M 可通过式(4-7)～式(4-9) 求解。用 s_0 函数去表示 T_1、T_2、T_3。

假设 $a\neq b$ 或者 $s_0\sin\delta_p+t_0(\cos\delta_p-1)\neq0$，且 $\theta_s\neq k\pi/2(k=0,1,2,\cdots)$，可得：

$$\begin{aligned}&2b\sin\delta_s\sin\delta_pF_2's_0^2+2b(\sin\delta_s\sin\delta_pt_0F_1+\sin\delta_s\cos\delta_pt_0F_2')s_0+\\&2b\left[\sin\delta_s\sin\delta_pM+\frac{1}{2}a\sin\delta_p\cos(2\delta_s)F_2'\right]s_0+\\&b[2t_0^2\sin\delta_s\cos\delta_p-ab\sin\delta_s\sin^2\delta_p+a\sin\delta_p\cos(2\delta_s)t_0]F_1-\\&ab\sin\delta_s\sin\delta_p(a-b\cos\delta_p)F_2'-2t_0\sin\delta_s(a-b\cos\delta_p)M=0\end{aligned}\tag{4-11}$$

式中，F_1、F_2'、M 和 s_0 为未知量，F_2'可通过 t_0 求得，F_1 和 M 可分别用 s_0 的线性函数表示，并通过求解式(4-11) 得到 s_0 的值，如果此时确定动平台的位姿，即可求解得到${}^O\boldsymbol{T}_o$、ρ_i、T_i 等未知量。

由弹簧侧向弯曲问题的分析可知，F_1、M 均可表示成 s_0 的函数，将式(4-7)、式(4-8) 代入式(4-11)，可得到一个关于 s_0 的二次方程，即

$$As_0^2+Bs_0+C=0\tag{4-12}$$

式中：

$$A=2b\sin\delta_p\sin\delta_s\ (F_2'+t_0D_1+D_2)$$

$$\begin{aligned}B=&[2bt_0^2\cos\delta_p\sin\delta_s-ab^2\sin^2\delta_p\sin\delta_s+abt_0\sin\delta_p\cos(2\delta_s)]D_1+\\&2bt_0\sin\delta_s(F_2'\cos\delta_p+E_1\sin\delta_p)-2t_0\sin\delta_s(a-b\cos\delta_p)D_2+\\&2b\sin\delta_p\left[E_2\sin\delta_s+\frac{1}{2}aF_2'\cos(2\delta_s)\right]\end{aligned}$$

$$C=[2bt_0^2\cos\delta_p\sin\delta_s-ab^2\sin^2\delta_p\sin\delta_s+abt_0\sin\delta_p\cos(2\delta_s)]E_1-$$
$$ab\sin\delta_p\sin\delta_s(a-b\cos\delta_p)F_2'-2t_0\sin\delta_s(a-b\cos\delta_p)E_2$$

需要找到一个 $s_0\in\mathbf{R}$ 且 $s_0\geqslant 0$。一旦 s_0 确定，其他所有未知量都可以求出。

当假设 $a\neq b$ 或者 $s_0\sin\delta_p+t_0(\cos\delta_p-1)\neq 0$ 时得到：

$$\cos\delta_s\left[T_1'-\frac{1}{2}(T_2'+T_3')\right]+\frac{\sqrt{3}}{2}\sin\delta_s(T_2'-T_3')=0 \tag{4-13}$$

当式(4-13) 不成立时，则要求 $a\neq b$ 且 $s_0\sin\delta_p+t_0(\cos\delta_p-1)=0$；只有当 $\delta_p=0$ 时才成立，但此时手腕部位未发生弯曲，所以不予研究，故假设 $\delta_p\neq 0$，从而保证式(4-13) 恒成立。

当 $\delta_s=k\pi/2$ 时，δ_s 在区间 $[0,2\pi]$ 内存在 4 个特殊点，即 $\delta_s=0$，$\pi/2$，π，$3\pi/2$。本书仅对 $\delta_s=\pi$ 的情况进行推导说明，其他特殊情况与其推导过程类似。

当 $\theta_s=\pi$ 时，可知 $T_1'=(T_2'+T_3')/2$，式(4-3)、式(4-5)、式(4-7) 分别化简为

$$s_0(T_1'+T_2'+T_3')-\frac{\sqrt{3}}{2}(a-b\cos\delta_p)(T_2'-T_3')+F_1=0$$

$$t_0(T_1'+T_2'+T_3')-\frac{\sqrt{3}}{2}b\sin\delta_p(T_2'-T_3')-F_2'=0$$

$$\frac{\sqrt{3}}{2}(s_0\sin\delta_p+t_0\cos\delta_p)(T_2'-T_3')-\frac{3}{4}a\sin\delta_p(T_2'+T_3')=\frac{M}{b}$$

结合式(4-7)、式(4-8) 可得到一个类似于式(4-12) 的关于 s_0 的二次方程，从而求出此时 s_0 的值。

4.1.3 腕关节并联机构小挠度仿真分析

压缩弹簧的参数如表 4.1 所示，其中，ρ_0 为弹簧原长，h_0 为弹簧螺距，G 为剪切模量，E 为弹性模量，r 为弹簧半径，d 为弹簧丝的直径，K 为弹簧弹性系数。由此可计算出弹簧的转动惯量 I 和抗弯刚度 β_0，即

$$I=\frac{\pi d^4}{64}=3.068\times 10^{-11}\,\text{m}^4 \quad \beta_0=\frac{2EGIh_0}{\pi r(E+2G)}=0.1609$$

表 4.1 压缩螺旋弹簧的参数

ρ_0/m	h_0/m	G/GPa	E/GPa	r/m	d/m	K/(N·m^{-1})
0.075	0.0124	73.94	193	0.063	0.005	4620

其他参数选择为 $a=0.0965\text{m}$，$b=0.084\text{m}$，$m=0.25\text{kg}$。在实际的应用过程中，参数 t_0 用来调整 3 根绳子的预紧力，仿真时 t_0 取固定值 0.062。改变参数 $\delta_p\in[0,\pi/9]$ 和 $\delta_s\in[0,2\pi]$，得到的仿真结果如图 4.3 所示。

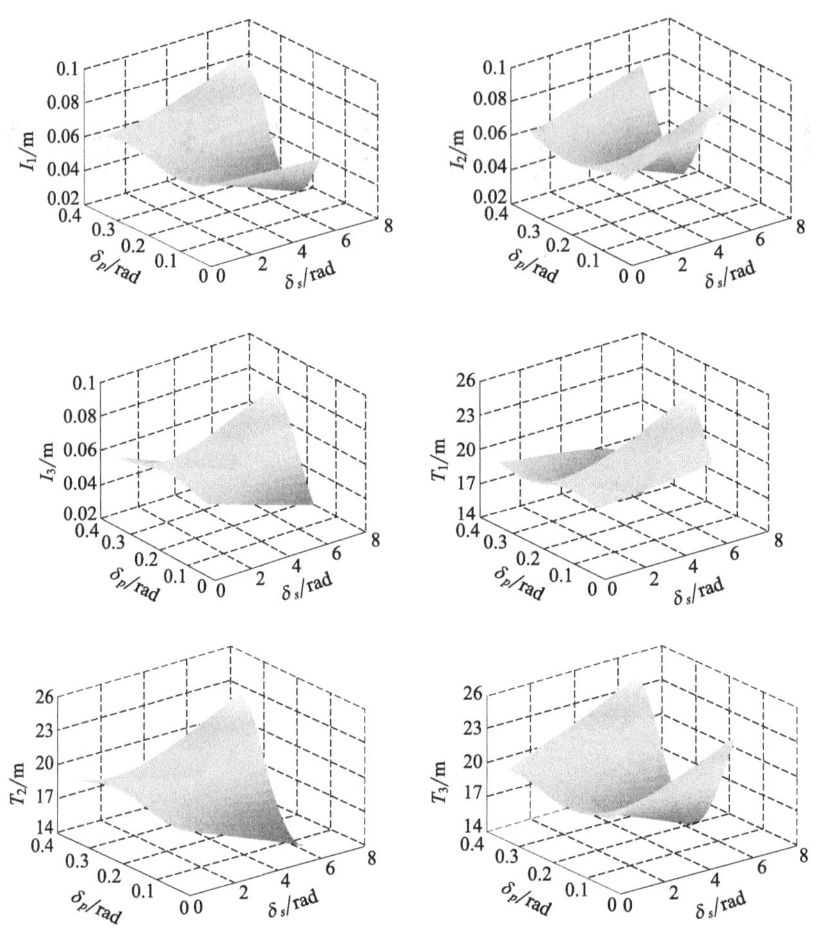

图 4.3　逆位置和静力学

当绳子较短时，绳子所受的力就会较大，相反，当绳子较长时，绳子所受的力就会较小，即每根绳子的拉力和长度互补，并且绳子的长度、拉力变化范围与 δ_p 相关，δ_p 越大，绳子的长度、拉力变化范围就越大，这个特征与客观事实相符。当 δ_p 一定时，所有绳子的长度和拉力随 δ_s 在 $0\sim2\pi$ 内是对称变化的，为了便于观察，本书绘制了 $\delta_p=\pi/18$，$t_0=0.062$ 时三根绳子长度和绳子拉力随 $\delta_s\in[0,2\pi]$ 的变化曲线，如图 4.4 所示。

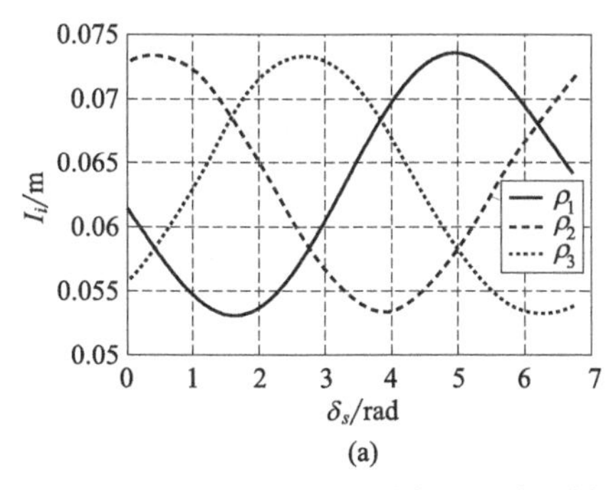

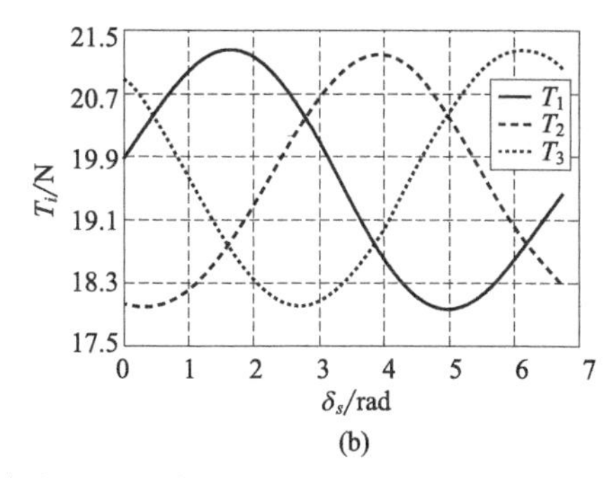

图 4.4 绳子长度与拉力变化曲线

4.1.4 腕关节并联机构工作空间分析

柔性并联机构的工作空间通过其动平台中心点的运动范围描述，具体数值和变化范围为：$\delta_p \in [0, \frac{\pi}{9}]$，$\delta_s \in [0, 2\pi]$，$t_0 = 0.062$，使用 Matlab 绘制柔性并联机构的工作空间，如图 4.5 所示。柔性并联机构的工作空间呈现抛物面形状，符合并联机构的工作空间分布。

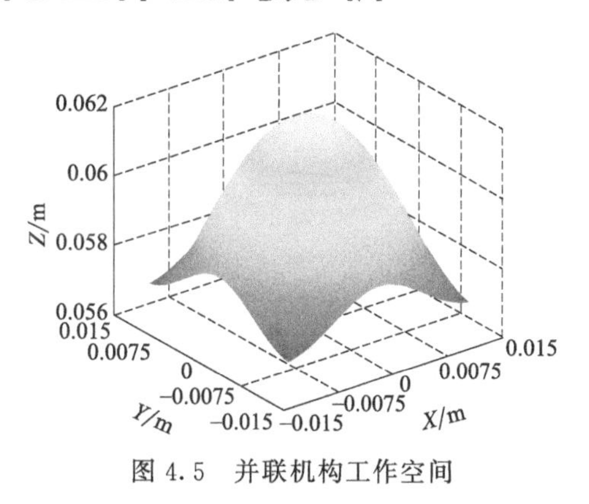

图 4.5 并联机构工作空间

4.2 腕关节并联机构大挠度性能分析

基于 4.1 节完成的腕关节柔性并联机构（只考虑弹簧轴向柔性振动和径向柔性振动）分析，对柔性并联机构小挠度下的逆运动学、静力学以及工作空间进行分析，并通过仿真分析验证了腕部柔性并联机构设计的合理性和正确性。通过实际分析发现，腕关节柔性并联机构在实际运行过程中，弹簧不仅存在轴向柔性振动和径向柔性振动，还存在轴向的位移且会造成弹簧的偏转角度增加。本书设计开发的可穿戴式上肢外骨骼康复机器人是针对脑卒中患者的中期半主动康复训练和后期主动康复训练的装置，脑卒中引起的上肢偏瘫患者处在中期阶段时，患者上肢虽然具有一定主动运动能力，但对于腕关节而言，患者的运动能力较弱，关节的活动范围较小，所以 4.1 节中在只考虑弹簧轴向柔性振动和径向柔性振动的因素下，对腕关节柔性并联机构的小挠度性能进行了分析，验证了当机构的运动角度小于 15°时，能够满足脑卒中偏瘫患者的康复训练要求。随着偏瘫患者肢体不断进行康复运动训练，肢体运动能力增强，关节运动范围也随之增加。正常人体上肢完成日常活动时，腕部外展/内收运动角度范围为 50°，屈/伸运动角度范围为 150°，腕部单方向的最大运动角度为 75°，运动范围较大。因此，本节在充分考虑弹簧轴向柔性振动和径向柔性振动以及轴向位移等因素下，对腕部柔性并联机构的大挠度性能进行分析，进一步验证所设计的腕关节柔性并联机构设计的合理性和正确性。

4.2.1 运动学参数配置

运动学分析是实现机构精确控制的前提，针对 4.1 节提出的柔性并联机构的模型，给出了大挠度情况下柔性并联机构原理图，如图 4.6 所示。它主要由基座、动平台、绳索、弹簧 4 部分组成。T_i 表示绳索的拉力，A_i 和 B_i 之间的绳长为 s_i。在定平台上定义并联机构的全局坐标系 $OXYZ$，坐标系的原点 O 位于定平台的几何中心处，Y 轴沿 OA_1 方向，X 轴垂直 Y 轴，Z 轴向上垂直于定平台所在的平面，通过右手法则确定。在动平台上定义柔性并联机构的局部坐标系 $oxyz$，坐标系的原点 o 位于动平台弹簧顶部的几何中心处，y 轴沿 oB_1 方向，x 轴垂直于 y 轴，z 轴向上垂直于动平台所在的平面。并联机构中绳索的质量和直径是可忽略的，每根驱动绳索的一端固定于动平台上的点 B_i $(i=1,2,3)$，另一端与驱动电机输出端固定，绳索经过点 $A_i(i=1,2,3)$ 穿过定平台。在无负载时，$\overrightarrow{OA_i}$ 和 $\overrightarrow{oB_i}$ 平行，A_i 和 B_i 等距离分布在半径分别为 $|OA_i|=a$ 和 $|oB_i|=b$ 的圆中。在 Oop 平面内引入直角坐标系 Owt，p 为动平台中心点 o 在定平台所在平面 OXY 上的投影。坐标系 Owt 的 t 轴与 Z 轴重合，w 轴沿着射线 Op 方向。

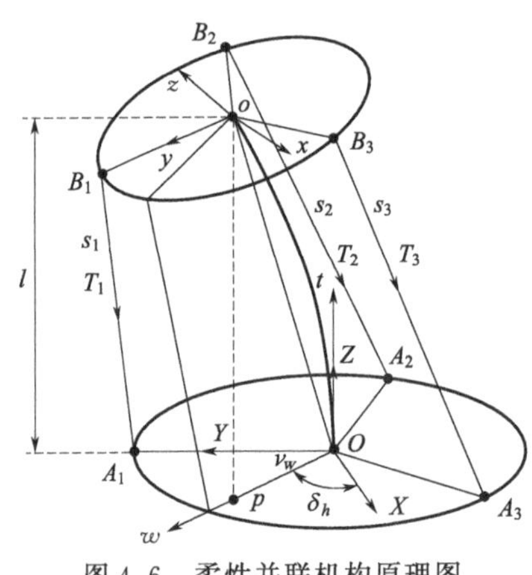

图 4.6 柔性并联机构原理图

根据设定的情况，动平台的结构可量化出 4 个参数：δ_h 为 w 轴与 X 轴的夹角，表示动平台的弯曲方向；δ_v 为定平台所在平面与动平台所在平面之间的夹角，表示动平台的弯曲幅度；l 为动平台原点到定平台平面的垂直距离；v_w 为定平台原点 O 与动平台中心投影点 p 之间的距离。对于上述 4 个参数，δ_h 和 δ_v 是独立的，l 和 v_w 需要通过弹簧的侧向弯曲特征方程和静力学分析来找到与 δ_h、δ_v 的关系。

在全局坐标系 $OXYZ$ 下，位于定平台上 A_i 点的齐次坐标变换矩阵可以表示为：$\boldsymbol{A}_1=[0,a,0,1]^{\mathrm{T}}$，$\boldsymbol{A}_2=\left[-\frac{\sqrt{3}}{2}a,-\frac{1}{2}a,0,1\right]^{\mathrm{T}}$，$\boldsymbol{A}_3=\left[\frac{\sqrt{3}}{2}a,-\frac{1}{2}a,0,1\right]^{\mathrm{T}}$；在局部坐标系 $oxyz$ 下，位于动平台上的 B_i 点的齐次坐标可以表示为：$\boldsymbol{B}_1=[0,b,0,1]^{\mathrm{T}}$，$\boldsymbol{B}_2=\left[-\frac{\sqrt{3}}{2}b,-\frac{1}{2}b,0,1\right]^{\mathrm{T}}$，$\boldsymbol{B}_3=\left[\frac{\sqrt{3}}{2}b,-\frac{1}{2}b,0,1\right]^{\mathrm{T}}$。利用有限转动张量的坐标矩阵公式，以 $\boldsymbol{\omega}=[-\sin\delta_h,\cos\delta_h,0]$ 为转轴，得到从局部坐标系至全局坐标系下的有限转动矩阵 $\boldsymbol{R}$，即：

$$\boldsymbol{R}=\cos\delta_v\boldsymbol{I}+\sin\delta_v\boldsymbol{\omega}+(1-\cos\delta_v)\boldsymbol{\omega}\boldsymbol{\omega}^{\mathrm{T}}=\begin{bmatrix} r_{11} & r_{12} & r_{13} \\ r_{21} & r_{22} & r_{23} \\ r_{31} & r_{32} & r_{33} \end{bmatrix} \tag{4-14}$$

式中，

$r_{11}=\sin^2\delta_h+\cos^2\delta_h\cos\delta_v$　$r_{12}=(\cos\delta_v-1)\cos\delta_h\sin\delta_h$　$r_{13}=\sin\delta_v\cos\delta_h$　$r_{21}=(\cos\delta_v-1)\sin\delta_h\cos\delta_h$　$r_{22}=\cos^2\delta_h+\cos\delta_v\sin^2\delta_h$　$r_{23}=\sin\delta_v\sin\delta_h$　$r_{31}=-\sin\delta_v\cos\delta_h$　$r_{32}=-\sin\delta_v\sin\delta_h$　$r_{33}=\cos\delta_v$。

从而得到局部坐标系至全局坐标系的齐次坐标变换矩阵 ${}^O\boldsymbol{T}_o$，即：

$${}^O\boldsymbol{T}_o=\begin{bmatrix} r_{11} & r_{12} & r_{13} & v_w\cos\delta_h \\ r_{21} & r_{22} & r_{23} & v_w\sin\delta_h \\ r_{31} & r_{32} & r_{33} & l \\ 0 & 0 & 0 & 1 \end{bmatrix} \tag{4-15}$$

4.2.2 压缩弹簧参数配置

弹簧的抗弯刚度是影响动平台运动的重要参数。本节中压缩弹簧与定平台相连的一端固定，初始高度为 H，螺旋升角为 θ，螺距为 h，弹簧圈数为 n，弹簧的直径为 D。给定广义横向力 F 通过弹簧轴线作用于自由端 o_1，得到在 o_1oo_2 平面内的一个集中力 $\boldsymbol{F}$ 和一个力偶矩 $\boldsymbol{M}_s=\boldsymbol{F}\times\boldsymbol{s}$。在距上端为 s 处由 φ 角（$0\sim2n\pi$）唯一确定的横截面上建立局部直角坐标系 Arv_1v_2，A 点为截面的形心，r 轴沿弹簧半径方向，v_1 轴沿过截面形心的横截面外法线方向，v_2 轴垂直于 r 轴和 v_1 轴。将力偶 $\boldsymbol{M}_s$ 轴平移到 A 点处并加以分解，得到径向分量 $\boldsymbol{M}_r$ 和与弹簧圆柱面相切的水平方向分量 $\boldsymbol{M}_v$，由于弹簧杆存在倾角 θ，$\boldsymbol{M}_v$ 可以继续分解为 $\boldsymbol{M}_{v1}$ 和 $\boldsymbol{M}_{v2}$。其中 M_r 和 M_{v1} 为弹簧丝弯曲的弯矩，M_{v2} 为弹簧丝扭转的扭矩。弹簧受力分析如图 4.7 所示。

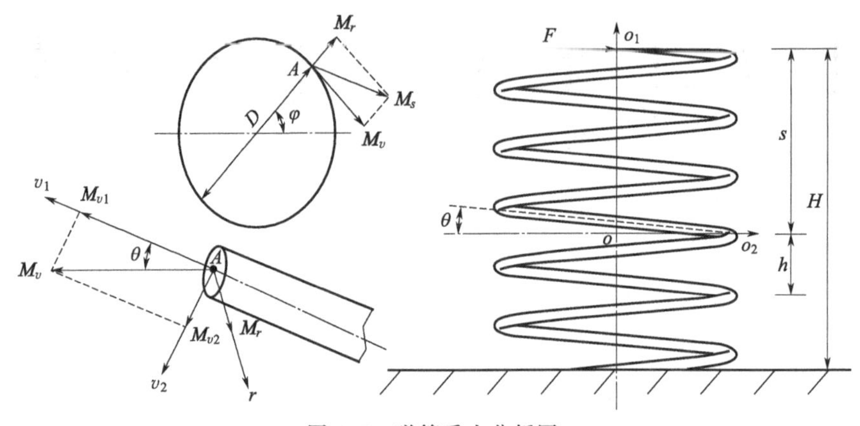

图 4.7　弹簧受力分析图

根据莫尔定理，可得弹簧在弯矩作用下的变形计算公式：

$$F=\int_0^L \frac{M_v M_{v1}}{GI_{v1}}\mathrm{d}s+\int_0^L \frac{M_v M_{v2}}{EI_{v2}}\mathrm{d}s+\int_0^L \frac{M_r M_{r1}}{EI_r}\mathrm{d}s \tag{4-16}$$

式中，I_{v1} 是弹簧材料截面的极惯性矩；I_{v2} 是弹簧材料截面绕 v_2 轴回转的惯性矩；I_r 是弹簧材料截面绕 r 轴回转的惯性矩。将 $M_{v1}=M_s\cos\varphi\cos\theta$，$M_{v2}=M_s\cos\varphi\sin\theta$，$M_r=M_s\sin\varphi$，$\mathrm{d}s=D\mathrm{d}\varphi/(2\cos\theta)$，$L=\pi Dn/\cos\theta$ 代入得到弹簧上端的倾斜偏转角：

$$\alpha=\int_0^{2\pi n} \frac{M_s D\cos^2\varphi}{2GI_{v1}\cos\theta}\cos^2\theta\mathrm{d}\varphi+\int_0^{2\pi n} \frac{M_s D\cos^2\varphi}{2EI_{v2}\cos\theta}\sin^2\theta\mathrm{d}\varphi+\int_0^{2\pi n} \frac{M_s D\sin^2\varphi}{2EI_r\cos\theta}\mathrm{d}\varphi \tag{4-17}$$

本节采用的压缩弹簧为圆形截面，因此 $I=I_r=I_{v1}/2=I_{v2}=\pi d^4/64$，式(4-17) 可化简为：

$$\alpha=\frac{M_s H}{EI}\left[\frac{\pi nD}{2H}\left(1+\frac{E}{2G}\right)\right] \tag{4-18}$$

其中 $H=nh$，$G=E/[2(1+\mu)]$ 与材料力学公式 $\alpha=M_s H/\beta_1$ 联立得到弹簧的抗弯刚度：

$$\beta_1=\frac{2hEI}{\pi D(2+\mu)} \tag{4-19}$$

4.2.3 逆运动学和静力学分析

在系统的逆运动学分析中，给定机器人想要的动平台姿态，求解绳索长度 $s_i=\|{}^O\boldsymbol{a}_i-{}^O\boldsymbol{T}_o\boldsymbol{b}_i\|$。在${}^O\boldsymbol{T}_o$ 中，δ_h 和 δ_v 可以直接给定，而 l 和 v_w 是弹簧侧弯时发生的一种伴随运动，其值不能随意设定。对于 l 而言，可以给定它的初始值 l_0，即三根绳索同时收缩，在三根绳索上施加一个预紧力，使绳索处于张紧状态，所以 l_0 应该小于弹簧的初始高度 H。l 和 v_w 随三根绳索的拉力而变化，因此，为了进行求解，将结合绳索并联机构的静力学和逆运动学进行分析。

(1) 力和力矩平衡方程

绳索约束特点为：只承受柔索轴线方向的拉力，不承受压力，即限制物体向柔索伸长方向运动。本节中将所有的绳索拉力转换为施加在弹簧顶部中心的等效力和等效力矩。假设所有的绳索拉力都能够转换为弹簧弯曲平面 Owt 内的力和力矩，否则弹簧不在该平面内弯曲。如图 4.8 所示，所有绳索的拉力可等效为 Owt 平面内两个相互垂直的力 F_w、F_t 和一个过 o 点垂直于弹簧弯曲平面 Owt 的力矩 M_1，结合弹簧的侧向弯曲方程和施加在动平台上的力和力矩平衡方程完成机构的运动学求解。

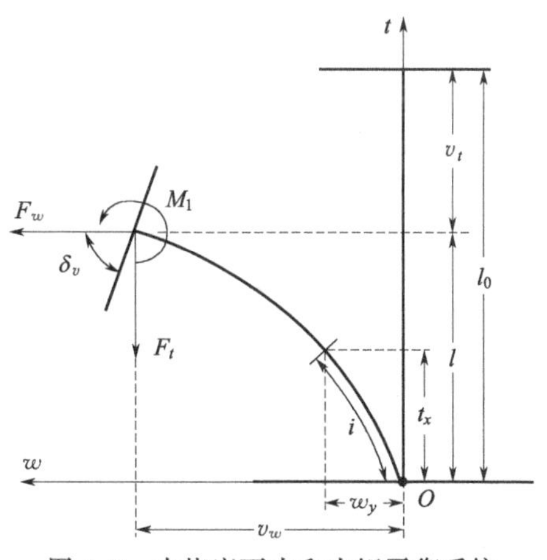

图 4.8　大挠度下力和力矩平衡系统

将系统的力平衡方程写成矩阵形式，可得：

$$\boldsymbol{F}+\boldsymbol{G}+\boldsymbol{\lambda T}=\boldsymbol{0} \tag{4-20}$$

其中，$\boldsymbol{F}=[F_w\cos\delta_h, F_w\sin\delta_h, -F_t]^{\mathrm{T}}$；$\boldsymbol{G}=[0,0,mg]^{\mathrm{T}}$；$\boldsymbol{T}=[T_{s1},T_{s2},T_{s3}]^{\mathrm{T}}$；$T_{si}=T_i/s_i$，并且绳索方向矢量矩阵 $\boldsymbol{\lambda}$ 各元素为：

$$\lambda_{11}=v_w\cos\delta_h+r_{12}b$$

$$\lambda_{12}=2v_w\cos\delta_h-r_{12}b+\sqrt{3}a-\sqrt{3}r_{11}b$$

$$\lambda_{13}=(2v_w\cos\delta_h-r_{12}b-\sqrt{3}a+\sqrt{3}r_{11}b)/2$$

$$\lambda_{21}=v_w\sin\delta_h-a+r_{22}b$$

$$\lambda_{22}=(2v_w\sin\delta_h+a-r_{22}b-\sqrt{3}r_{21}b)/2$$

$$\lambda_{23}=(2v_w\sin\delta_h+a-r_{22}b+\sqrt{3}r_{21}b)/2$$

$$\lambda_{31}=l+r_{32}b$$

$$\lambda_{32}=(2l-r_{32}b-\sqrt{3}r_{31}b)/2$$

$$\lambda_{33}=(2l-r_{32}b+\sqrt{3}r_{31}b)/2$$

其中，$l=l_0-v_t$，所以式(4-20) 中共有 7 个未知量，分别是 T_{s1}、T_{s2}、T_{s3}、F_w、F_t、v_w 和 v_t，其中 T_{s1}、T_{s2} 和 T_{s3} 可用其余的 4 个未知量表示：

$$\begin{bmatrix} T_{s1} \\ T_{s2} \\ T_{s3} \end{bmatrix}=\boldsymbol{\lambda}^{-1}\begin{bmatrix} -F_w\cos\delta_h \\ -F_w\sin\delta_h \\ F_t-mg \end{bmatrix} \tag{4-21}$$

将系统的力矩平衡方程写成矩阵形式，可得：

$$\boldsymbol{\gamma T}+\boldsymbol{M}_1=\boldsymbol{0} \tag{4-22}$$

其中，$\boldsymbol{M}_1=[-M_1\sin\delta_h，M_1\cos\delta_h，0]^{\mathrm{T}}$，矩阵 $\boldsymbol{\gamma}$ 各元素为：

$\gamma_{11}=v_w r_{32}b\sin\delta_h-r_{32}ab-r_{22}lb$

$\gamma_{12}=(2r_{22}lb-2v_w r_{32}b\sin\delta_h-r_{32}ab+2\sqrt{3}r_{21}bl-2\sqrt{3}v_w r_{31}b\sin\delta_h-\sqrt{3}r_{31}ab)/4$

$\gamma_{13}=(2r_{22}bl-2v_w r_{32}b\sin\delta_h-1r_{32}ab-2\sqrt{3}r_{21}bt+2\sqrt{3}v_w r_{31}b\sin\delta_h+\sqrt{3}r_{31}ab)/4$

$\gamma_{21}=lbr_{12}-v_w r_{32}b\cos\delta_h$

$\gamma_{22}=(2v_w r_{32}b\cos\delta_h+3r_{31}ab-2r_{12}lb+2\sqrt{3}v_w r_{31}b\cos\delta_h+\sqrt{3}r_{32}ab-2\sqrt{3}r_{11}lb)/4$

$\gamma_{23}=(2v_w r_{32}b\cos\delta_h+3r_{31}ab-2r_{12}lb-2\sqrt{3}v_w r_{31}b\cos\delta_h-\sqrt{3}r_{32}ab+2\sqrt{3}r_{11}lb)/4$

$\gamma_{31}=(ab\sin2\delta_h\cos\theta_p+2v_w b\cos\delta_h-ab\sin2\delta_h)/2$

$\gamma_{32}=[ab\sin2\delta_h(1-\cos\delta_v)+\sqrt{3}ab\cos2\delta_h(\cos\delta_v-1)-2v_w b\cos\delta_h+2\sqrt{3}v_w b\sin\delta_h]/4$

$\gamma_{33}=[ab\sin2\delta_h(1-\cos\delta_v)+\sqrt{3}ab\cos2\delta_h(1-\cos\delta_v)-2v_w b\cos\delta_h-2\sqrt{3}v_w b\sin\delta_h]/4$

式(4-22) 可继续化简整理为 3 个线性无关的方程：

$$(v_w \sin\delta_h r_{32}-ar_{32}-r_{22}l)T_{s1}+\left(\frac{1}{2}lr_{22}-\frac{1}{2}v_w\sin\delta_h r_{32}-\frac{1}{4}ar_{32}+\right.$$
$$\frac{\sqrt{3}}{2}lr_{21}-\frac{\sqrt{3}}{2}v_w\sin\delta_h r_{31}-\left.\frac{\sqrt{3}}{4}ar_{31}\right)T_{s2}+\left(\frac{1}{2}lr_{22}-\frac{1}{2}v_w\sin\delta_h r_{32}-\right.$$
$$\left.\frac{1}{4}ar_{32}-\frac{\sqrt{3}}{2}lr_{21}+\frac{\sqrt{3}}{2}v_w\sin\delta_h r_{31}+\frac{\sqrt{3}}{4}ar_{31}\right)T_{s3}+\frac{M}{b}\sin\delta_h=0 \tag{4-23}$$

$$(lr_{12}-v_w\cos\delta_h r_{32})T_{s1}+\left(\frac{\sqrt{3}}{2}v_w\cos\delta_h r_{31}+\frac{\sqrt{3}}{4}ar_{32}-\frac{\sqrt{3}}{2}lr_{11}+\right.$$
$$\left.\frac{1}{2}v_w\cos\delta_h r_{32}+\frac{3}{4}ar_{31}-\frac{1}{2}lr_{12}\right)T_{s2}+\left(\frac{1}{2}v_w\cos\delta_h r_{32}+\frac{3}{4}ar_{31}-\right.$$
$$\left.\frac{1}{2}lr_{12}-\frac{\sqrt{3}}{2}v_w\cos\delta_h r_{31}-\frac{\sqrt{3}}{4}ar_{32}+\frac{\sqrt{3}}{2}lr_{11}\right)T_{s3}-\frac{M}{b}\cos\delta_h=0 \tag{4-24}$$

$$(v_w\cos\delta_h+\frac{1}{2}a\cos\delta_v\sin2\delta_h-\frac{1}{2}a\sin2\delta_h)T_{s1}+$$
$$\left[\left(\frac{\sqrt{3}}{2}v_w\sin\delta_h-\frac{1}{2}v_w\cos\delta_h+\left(\frac{\sqrt{3}}{4}a\cos2\delta_h-\frac{1}{4}a\sin2\delta_h\right)(\cos\delta_v-1)\right]T_{s2}+$$
$$\left[\left(\frac{\sqrt{3}}{4}a\cos2\delta_h+\frac{1}{4}a\sin2\delta_h\right)(1-\cos\delta_v)-\frac{\sqrt{3}}{2}v_w\sin\delta_h-\frac{1}{2}v_w\cos\delta_h\right]T_{s3}=0$$
$$\tag{4-25}$$

式(4-23)～式(4-25) 中含有 8 个未知量，分别是 T_{s1}、T_{s2}、T_{s3}、F_w、F_t、M_1、v_w 和 v_t，将式(4-21) 分别代入到式(4-23)～式(4-25) 中，可以消去未知量 T_{s1}、T_{s2} 和 T_{s3}，得到 3 个关于未知量 F_w、F_t、M_1、v_w 和 v_t 的方程。

如果对这 5 个未知量进行求解，必须再得到 2 个新的方程，所以需对弹簧进行侧向弯曲分析，想要从中得到 2 个可以反映 F_w、F_t、M_1、v_w 和 v_t 关系的方程，再将这 2 个方程与现有的 3 个方程进行联立，完成求解。

(2) 弹簧侧向弯曲分析

一端固定、另一端侧向弯曲的弹簧在机械结构和系统中经常被当作梁进行设计和分析，但是在本节中需要满足如下假设：

假设 1：弹簧丝几乎没有变形或可以忽略，运动中弹簧的长度和半径保持不变；

假设 2：用于驱动的绳索在载荷的作用下不会变形。

弹簧将在两个力 F_w、F_t 和一个力偶 M_1 的作用下发生弯曲并承受较大的侧向角度。对于小挠度可通过近似的方法求得解析解，但是对于大挠度，必须求解具有非线性项的微分方程，无法求得解析解。由于人体腕关节单方向的最大运动角度为75°，运动范围较大，所以本节需要考虑弹簧在大挠度弯曲下的数值求解问题。

在弹簧的大挠度问题中，弹簧的轴向变形量 v_t 不可忽略，对于弹簧的任一截面有：

$$\beta\frac{d\delta_v}{di}=M \tag{4-26}$$

其中，M、$d\delta_v/di$ 分别是梁任意点的弯矩和曲率，弹簧压缩后的抗弯刚度为 $\beta=\beta_1 l/l_0=\beta_1(l_0-v_t)/l_0$。假设弹簧自重引起的角度为0°，需要分析弹簧在自由端受2个相互垂直的力 F_w、F_t 和1个力偶 M_1 时的角度问题。其中坐标为（t_x，w_y）的点的弯矩 M 为：

$$M(i)=F_w(l_0-v_t-t_x)+F_t(v_w-w_y)+M_1 \tag{4-27}$$

将式(4-27) 代入式(4-26) 中，并将式(4-26) 对 i 求导得到：

$$\beta\frac{d^2\delta_v}{di^2}=\frac{d}{di}[F_w(l_0-v_t-t_x)+F_t(v_w-w_y)+M_1] \tag{4-28}$$

考虑到 $dt_x/di=\cos\delta_v$，$dw_y/di=\sin\delta_v$，弹簧的侧向弯曲方程可表示为：

$$\beta\frac{d^2\delta_v}{di^2}+F_w\cos\delta_v+F_t\sin\delta_v=0 \tag{4-29}$$

将式(4-29) 两边乘以 $d\delta_v/di$ 得到：

$$\beta\frac{d\delta_v}{di}\times\frac{d^2\delta_\mathrm{v}}{di^2}+F_w\cos\delta_v\frac{d\delta_v}{di}+F_t\sin\delta_v\frac{d\delta_v}{di}=0 \tag{4-30}$$

可以整理为：

$$\frac{d}{di}\left[\frac{1}{2}\beta\left(\frac{d\delta_v}{di}\right)^2+F_w\sin\delta_v-F_t\cos\delta_v\right]=0 \tag{4-31}$$

当 $i=l_0$ 时，在弹簧的自由端有 $\delta_v(l_0)=\delta_{v0}$，其中 δ_{v0} 就是动平台的弯曲角度。通过式(4-26) 和式(4-27) 可以得到 $(d\delta_v/di)_{i=l_0}=M_1/\beta$，所以可以得到：

$$\left(\frac{d\delta_v}{di}\right)^2=\frac{2}{\beta}\left[(F_w\sin\delta_{v0}-F_w\sin\delta_v)-(F_t\cos\delta_{v0}-F_t\cos\delta_v)+\frac{M_1^2}{2\beta}\right] \tag{4-32}$$

通过积分得到弧长 i 和角度 δ_v 的方程：

$$i=\sqrt{\frac{\beta}{2}}\int_0^{\delta_v}\frac{d\delta_v}{\sqrt{F_w(\sin\delta_{v0}-\sin\delta_v)-F_t(\cos\delta_{v0}-\cos\delta_v)+\frac{M_1^2}{2\beta}}} \tag{4-33}$$

总长度 l_0 与动平台的旋转角度 δ_{v0} 之间的关系为：

$$l_0=\sqrt{\frac{\beta}{2}}\int_0^{\delta_{v0}}\frac{\mathrm{d}\delta_v}{\sqrt{F_w(\sin\delta_{v0}-\sin\delta_v)-F_t(\cos\delta_{v0}-\cos\delta_v)+\frac{M_1^2}{2\beta}}} \tag{4-34}$$

考虑到 $\mathrm{d}t_x/\mathrm{d}i=\cos\delta_v$，$\mathrm{d}w_y/\mathrm{d}i=\sin\delta_v$，由式(4-34) 可以得到沿弹簧中性轴的任意点的坐标（t_x，w_y）：

$$t_x=\sqrt{\frac{\beta}{2}}\int_0^{\delta_v}\frac{\cos\delta_v\mathrm{d}\delta_v}{\sqrt{F_w(\sin\delta_{v0}-\sin\delta_v)-F_t(\cos\delta_{v0}-\cos\delta_v)+\frac{M_1^2}{2\beta}}} \tag{4-35}$$

$$w_y=\sqrt{\frac{\beta}{2}}\int_0^{\delta_v}\frac{\sin\delta_v\mathrm{d}\delta_v}{\sqrt{F_w(\sin\delta_{v0}-\sin\delta_v)-F_t(\cos\delta_{v0}-\cos\delta_v)+\frac{M_1^2}{2\beta}}} \tag{4-36}$$

动平台的水平和纵向位移为：

$$v_w=w_y(\delta_{v0}) \tag{4-37}$$

$$v_t=l_0-t_x(\delta_{v0}) \tag{4-38}$$

通过计算得到了 2 个含有未知量 F_w、F_t、M_1、v_w 和 v_t 的方程，将式(4-37)、式(4-38) 与式(4-23) ～式(4-25) 进行联立并求解就可以得 F_w、F_t、M_1、v_w 和 v_t。但是，式(4-37) 和式(4-38) 中存在复杂积分函数，无法求解它的解析式。考虑到这一点，本节借助 Matlab 程序对非线性方程组进行数值求解。为了保证求解精度，需要给定合理的初始值。本节中仅知道所要求的 5 个未知量均不小于零，除此之外没有其他的初始值条件，但是可以对弹簧进行小挠度分析，从而得到未知量的近似解，再将近似解作为初始值，完成 F_w、F_t、M_1、v_w 和 v_t 的数值求解。

如图 4.9 所示，在弹簧的小挠度分析中，由于弹簧偏转的角度很小，在分析中通常忽略纵向位移 v_t，于是有：

$$\frac{\mathrm{d}\delta_v}{\mathrm{d}i}=\frac{\mathrm{d}^2w/\mathrm{d}t^2}{[1+(\mathrm{d}w/\mathrm{d}t)^2]^{3/2}}\approx\frac{\mathrm{d}^2w}{\mathrm{d}t^2} \tag{4-39}$$

式(4-25) 可以改写为：

$$\beta\frac{\mathrm{d}^2w}{\mathrm{d}t^2}=F_w(l_0-t)+F_t(v_w-w)+M_1 \tag{4-40}$$

通过边界条件 $w(0)=0$ 和 $\dot{w}(0)=0$ 求得：

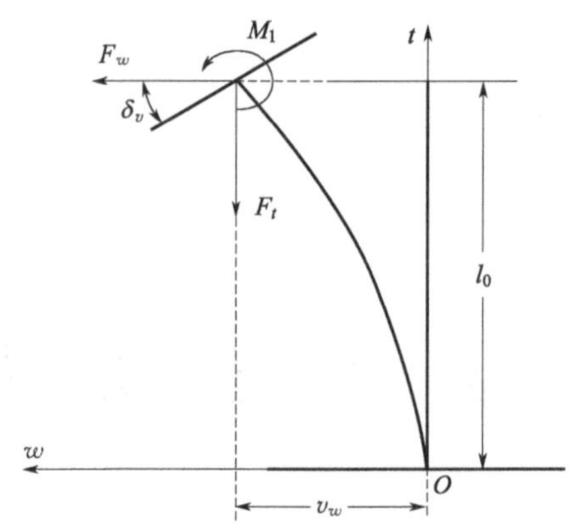

图 4.9　小挠度下力和力矩平衡系统

$$w=k_1t-\frac{k_1}{k_2}\sin(k_2t)-k_3\cos(k_2t)+k_3 \tag{4-41}$$

其中，$k_1=-F_w/F_t$，$k_2=\sqrt{F_t/\beta}$，$k_3=(M_1+F_tv_w+F_wl_0)/F_t$，将移动平台自由端的初始条件 $w(l_0)=v_w$，$\dot{w}(l_0)=\tan\delta_v$ 代入式(4-41) 可得：

$$k_1l_0-\frac{k_1}{k_2}\sin(k_2l_0)-k_3\cos(k_2l_0)+k_3-v_w=0 \tag{4-42}$$

$$k_1-k_1\cos(k_2l_0)+k_2k_3\sin(k_2l_0)-\tan\delta_v=0 \tag{4-43}$$

式(4-42) 和式(4-43) 中只有 F_w、M_1 和 v_w 3 个未知量，因为当弹簧的原长 H 和动平台到定平台之间的高度 l_0 确定后，由胡克定律可知 $F_t=K(H-l_0)$ 是一个常数，其中 K 为弹簧的劲度系数。联立式(4-42)、式(4-43) 和式(4-23) 完成 F_w、M_1 和 v_w 3 个未知量的求解。为了方便，将这 3 个求解结果命名为 F_{w0}、M_{10} 和 V_{w0}。对弹簧进行小挠度分析的目的是给定 Matlab 程序中求解函数的初始值，所以现在得到的 F_{w0}、M_{l0} 和 v_{w0} 仅为初始值，并不是最终结果。根据现有条件，给定 F_t 的初始值为 $F_{t_0}=K(H-l_0)$，为避免奇异解问题，给定纵向位移 v_t 的初始值 $v_{t0}=10^{-12}$。

将初始值 F_{w0}、F_{t_0}、M_{10}、v_{w0} 和 v_{t0} 代入 Matlab 的程序中，完成大挠度分析下 F_w、F_t、M_1、v_w 和 v_t 的数值求解。最后将 F_w、F_t 和 M_1 代入力和力矩平衡方程中，求得三根绳索的拉力 T_i，将 v_w 和 v_t 代入到齐次坐标变换矩阵 ${}^O\boldsymbol{T}_o$ 中求得三根绳索长度 s_i。

（3）分析步骤

步骤①：给定角度 δ_h 后，将三根绳索的拉力等效为 Oop 平面内的两个相互垂直的力和一个垂直于平面的力偶，并通过力和力矩平衡得到 3 个关于未知

量 F_w、F_t、M_1、v_w 和 v_t 的方程；

步骤②：在 Oop 平面内对弹簧进行大挠度分析，得到 2 个关于未知量 F_w、F_t、M_1、v_w 和 v_t 的方程，由于方程中存在复杂积分，所以需要通过 Matlab 程序对这 5 个未知量进行数值求解；

步骤③：对弹簧进行小挠度分析，将求解结果作为初始值代入 Matlab 程序中，完成 F_w、F_t、M_1、v_w 和 v_t 的数值求解；

步骤④：将 F_w、F_t 和 M_1 代入力和力矩平衡方程中，求得三根绳索的拉力 T_i，将 v_w 和 v_t 代入 $s_i=\|{}^O\boldsymbol{a}_i-{}^O\boldsymbol{T}_o\boldsymbol{b}_i\|$ 中求得 3 根绳索长度 s_i，完成柔性并联机构的逆运动学求解。

不难发现如果省略步骤②，直接将步骤③中弹簧小挠度分析得到的求解结果代入步骤④，也可以得到 3 根绳索的拉力和长度。这种方法是目前此种并联机构应用较多的求解方法，但是它是建立在弹簧小挠度分析基础上的，忽略了动平台的纵向位移，在动平台大挠度运动的分析中会产生较大的误差，为了方便表达，将这种方法称为近似求解法。同样，由于本书提出的分析方法是建立在弹簧大挠度分析基础上的，没有忽略动平台的轴向位移，所以称它为精确求解法。

4.2.4 腕关节并联机构大挠度仿真分析

在 Matlab 中通过精确求解法和近似求解法分别对柔性并联机构进行了逆运动学和静力学分析。根据人体上肢完成日常活动时腕部的运动角度范围，给定 $\delta_v\in[0,5\pi/12]$、$\delta_h\in[0,2\pi]$，给出压缩弹簧参数：初始长度 $H=0.156$m，螺距 $h=0.0195$m，泊松比 $\mu=0.247$，弹性模量 $E=193$GPa，半径 $r=0.063$m，弹簧丝直径 $d=0.005$m，弹簧劲度系数 $K=4620$N/m。因此，弹簧丝截面的惯性矩 $I=3.068\times10^{-11}\text{m}^4$，抗弯刚度由式(4-44)计算得 $\beta_1=0.1609$。绳索连接点的半径为 $a=0.0965$m，$b=0.084$m，并且动平台质量为 $m=0.25$kg，动平台初始高度 $l_0=0.12$m。基于上述参数，在 Matlab 中对腕关节柔性并联机构进行逆运动学和静力学仿真，逆运动学与静力学仿真如图 4.10 所示。

由图 4.10 可知，当绳索长度较小时，绳索所受的力就会较大，反之较小，每根绳索的拉力和长度互补。绳索长度和拉力变化范围与 δ_v 相关，δ_v 越大，绳索长度和拉力变化范围越大。当 δ_v 一定时，所有绳索长度和拉力随 δ_h 在 $0\sim2\pi$ 内的变化曲线是对称的，变化趋势与三角函数相近。绳索只能够提供单方向的力，因此，当出现 $T_i<0$ 时，姿态不可行。

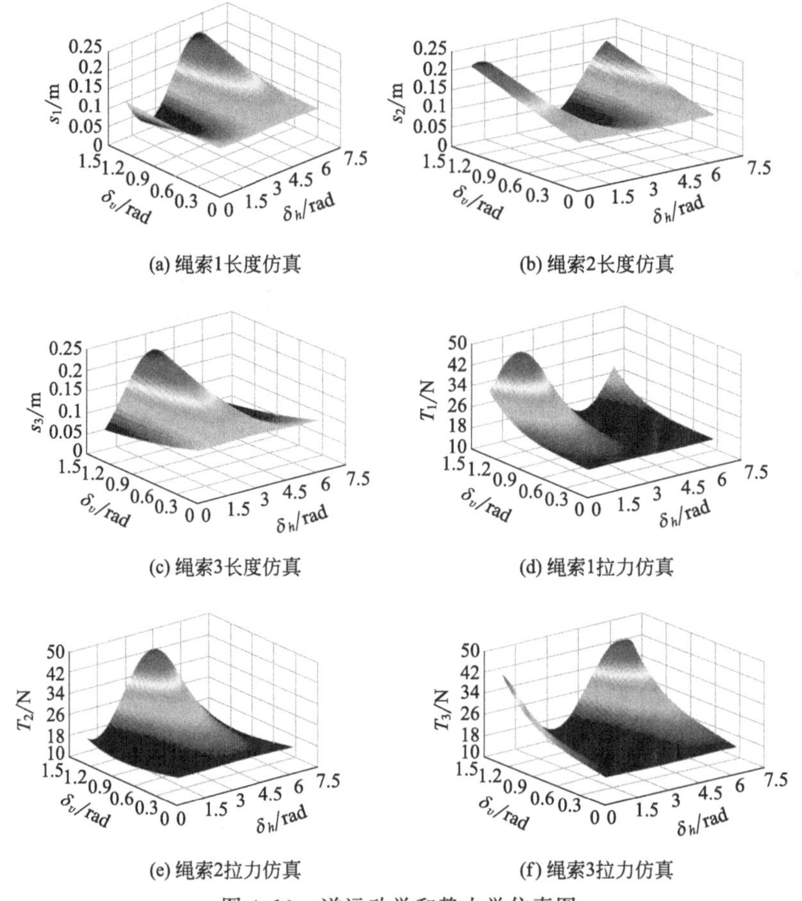

图 4.10 逆运动学和静力学仿真图

为了更清楚地观察这些特点，绘制了 $\delta_v=\pi/12$ 和 $\delta_v=3\pi/12$ 时三根绳子长度和绳子拉力随 $\delta_h\in[0,2\pi]$ 的变化曲线，如图 4.11、图 4.12 所示。

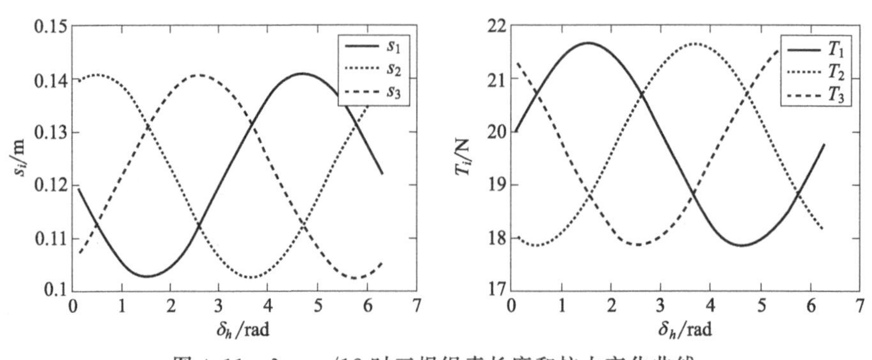

图 4.11 $\delta_v=\pi/12$ 时三根绳索长度和拉力变化曲线

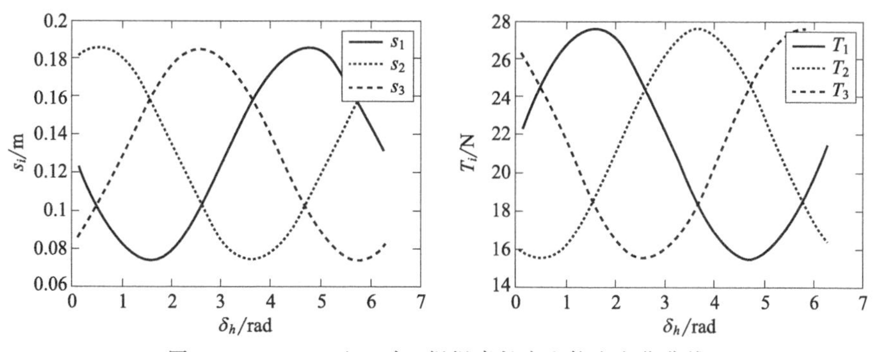

图 4.12　$\delta_v=3\pi/12$ 时三根绳索长度和拉力变化曲线

4.3　本章小结

针对腕关节柔性并联机构支撑弹簧具有侧向弯曲特性，在充分考虑弹簧轴向柔性振动和径向柔性振动以及考虑弹簧轴向位移和柔性振动两种工况下，提出了一种有限转动张量和力与力矩平衡方程相结合的方法，分别构建了腕关节柔性并联机构参数模型，并对柔性并联机构的逆运动学与静力学进行分析，将作用在动平台上的外力等效为动平台中心的力和力矩，基于力和力矩平衡条件，结合压缩弹簧侧向弯曲方程，得到了运动学和静力学联合求解的非线性方程组，并对弹簧小挠度下的机构模型进行分析，将分析结果作为非线性方程组初始值，最终完成 0°～75°下各绳索长度和拉力的数值求解。通过仿真及实验得到了人体上肢的生理运动空间和机构的有效工作空间，验证了实验机构的合理性和分析方法的正确性。

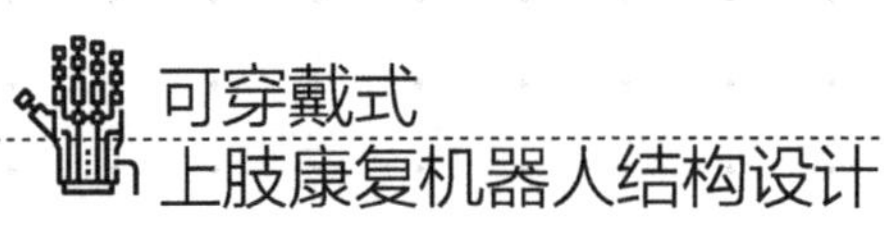
可穿戴式
上肢康复机器人结构设计

第5章 上肢康复机器人控制系统设计

偏瘫患者利用可穿戴上肢康复机器人进行康复运动训练的核心问题是康复设备控制系统的稳定性。康复机器人根据所设计的控制算法驱动机器人系统的执行器，在保证偏瘫患者穿戴舒适性、安全性以及机器人各关节运动的自由性的同时，使可穿戴上肢康复机器人能够根据偏瘫患者的康复训练要求，跟踪或者同步患肢进行运动，对偏瘫上肢进行运动功能的康复。针对脑卒中偏瘫患者的被动康复训练轨迹跟踪问题，提出一种基于 RBF 神经网络的迭代学习方法，用以提高系统的跟踪性能，加速轨迹跟踪误差的收敛速度。针对痉挛期偏瘫患者进行康复训练时，患者会不受控地产生肌肉痉挛，给机器人系统带来一定的扰动，提出一种基于 RBF 网络参数的滑模控制方法，采用单个参数来代替神经网络的权值，实现基于单参数估计的自适应控制，利用神经网络自适应地逼近系统不确定性的未知上界，达到传统滑模控制对系统未知上界的要求，削弱抖振，提高系统的稳定性。

5.1 RBFNN-ILC 控制器构建与分析

5.1.1 迭代学习控制

迭代学习控制（Iterative Learning Control，ILC），最早是日本学者 Uchiyama 为解决高速运动的机器人的轨迹跟踪问题而提出的[102]。其核心思想是将前几次迭代过程中被控对象的输出、控制器输出以及反馈得到的系统误差等信息作为本次迭代时的先验知识，并作为本次迭代控制器的输出。机器人系统反复跟踪固定轨迹时系统特性不变，随着迭代次数的上升不断提升控制性能。迭代学习控制是智能控制的一个分支，通过反复地修正控制输入，使输出信号达到完全跟踪期望轨迹的目的。近年来，针对脑卒中偏瘫患者的康复训练，国内外学者逐渐将迭代学习控制方法应用于上肢康复机器人控制系统的设计中。Freeman 等将迭代学习控制方法应用于上肢康复机器人，提出了一种基于功能性电刺激（FES）的多关节上肢参考跟踪控制方案，将输入输出线性化与迭代学习控制相结合，并验证了该方法的有效性[103]。Zhu 等针对脑卒中患者主动训练阶段的非参数不确定性问题，基于非线性迭代学习理论，提出了一种双迭代补偿学习控制方法，通过双环迭代策略，可以实时调整控制器参数以满足患者的康复需求[104]。一般来说，ILC 的迭代规则有 P 型[105]、PD 型[106] 和高阶型[107]。

5.1.2 RBF 神经网络控制

RBF 神经网络是由 J. Moody 与 C. Darken 于 20 世纪 80 年代末期提出的，也被称为径向基函数神经网络[108]。RBF 神经网络方法通过模拟人脑中的局部调整、相互覆盖接收域的神经网络结构，可以逼近任意的连续函数，学习速度快，避免局部极小问题，适用于实时控制，有效提高系统精度、鲁棒性和自适应性[109,110]。

5.1.3 RBFNN-ILC 控制器设计

上肢康复机器人控制系统是一个高度复杂、强耦合的非线性系统，机器人建模时总是存在误差、各种扰动和一些未知参数等不确定因素[111]。其控制品质和性能易受到环境条件及本身复杂性的制约[112]。上肢康复机器人是带动患者的上肢进行各种康复运动，并且每组运动都会进行多次重复训练，这就使得机器人需要有较高的重复定位精度。在脑卒中偏瘫患者进行被动康复训练过程中，上肢肩关节、肘关节的协调运动形成每个关节重复的康复运动轨迹，并作为偏瘫患者在康复训练过程中的期望轨迹。为了加速收敛上肢康复机器人跟踪期望轨迹时所产生的误差，迅速抑制患者在康复过程中的干扰，针对脑卒中偏瘫患者的被动康复训练，利用单隐层的前馈神经网络，将神经网络模型与迭代学习控制相融合，设计具有快速收敛性能的神经网络-迭代学习控制器（Radial Basis Function Neural Network-Iterative Learning Control，RBFNN-ILC）。在对上肢康复机器人进行轨迹跟踪控制的过程中，所设计的神经网络模型可以加快状态轨迹误差的收敛速度，为进行上肢康复机器人控制器的设计提供算法上的框架。

所设计开发的上肢康复机器人各关节机构与人体上肢大臂、前臂、手腕部分紧密结合，利用机器人铰链式旋转副、弧形齿条、塔簧等的自由度实现了对上肢多个关节的康复训练。机器人在矢状面上能实现肩关节的屈/伸（0°～100°）、外展/内收（0°～120°）、旋内/旋外（0°～110°）；肘关节的屈/伸（0°～105°）、旋内/旋外（0°～90°）；腕关节的屈/伸（0°～90°）。关节运动分析角度范围满足上肢康复训练过程角度要求。人体上肢以及机器人自由度分配如表 5.1 所示。

表 5.1　人体上肢自由分配以及机器人自由度分配

关节	自由度	人体运动范围	机器人运动范围
肩关节	屈/伸	0°～90°/0°～45°	0°～90°/0°～10°
肩关节	外展/内收	0°～90°/0°～45°	0°～75°/0°～45°
肩关节	旋内/旋外	0°～80°/0°～30°	0°～80°/0°～30°
肘关节	屈/伸	0°～135°	0°～105°
肘关节	旋内/旋外	0°～45°/0°～45°	0°～45°/0°～45°
腕关节	屈/伸	0°～75°/0°～75°	0°～45°/0°～45°

实际康复训练过程中，患者发生肌肉痉挛是不可避免的，且其不确定性可能会导致机器人系统不稳定。将患者肌肉痉挛力矩考虑到机器人动力学模型中，于是上肢康复机器人动力学模型可描述为：

$$\boldsymbol{M}(q_i)\ddot{q}_i+\boldsymbol{C}(q_i,\dot{q}_i)\dot{q}_i+\boldsymbol{G}(q_i)=\tau_i+\omega_i \tag{5-1}$$

其中，$\boldsymbol{M}(\boldsymbol{q})\in\mathbf{R}^{6\times6}$ 是质量矩阵；$\boldsymbol{C}(\boldsymbol{q},\dot{\boldsymbol{q}})\in\mathbf{R}^{6\times6}$ 是向心力和科里奥利力矩阵；$\boldsymbol{G}(\boldsymbol{q})\in\mathbf{R}^{6\times1}$ 是重力矩阵；$\boldsymbol{\omega}\in\mathbf{R}^{6\times1}$ 是康复过程中存在的患者未知有界肌肉痉挛力矩矩阵；q_i 为第 i 个关节的角度；τ_i 为机器人第 i 个关节的力矩。

式(5-1) 所描述的康复机器人动力学系统具有如下结构特性：

性质 1：矩阵 $\dot{\boldsymbol{M}}(\boldsymbol{q}_k(t))-2\boldsymbol{C}(\boldsymbol{q}_k(t),\dot{\boldsymbol{q}}_k(t))$ 是斜对称矩阵，

$$\boldsymbol{x}^{\mathrm{T}}(\dot{\boldsymbol{M}}(\boldsymbol{q}_k(t))-2\boldsymbol{C}(\boldsymbol{q}_k(t),\dot{\boldsymbol{q}}_k(t)))\boldsymbol{x}=\mathbf{0},\forall\boldsymbol{x}\in\mathbf{R}^6。$$

性质 2：矩阵 $\boldsymbol{M}(\boldsymbol{q}_k(t))\in\mathbf{R}^{6\times6}$ 有界且正定。

性质 3：向心力矩阵、科里奥利力矩阵和重力矢量矩阵是有界的，即 $\|\boldsymbol{C}(\boldsymbol{q}_k(t),\dot{\boldsymbol{q}}_k(t))\|\leqslant k_c\|\dot{\boldsymbol{q}}_k(t)\|$ 和 $\|\boldsymbol{G}(\boldsymbol{q}_k(t)\|<k_g$，$\forall t\in[0,T]$ 且 $\forall k\in\mathbf{Z}_+$，其中 k_c 和 k_g 是未知的正常数参数。

性质 4：$\boldsymbol{G}(\boldsymbol{q}_k(t))+\boldsymbol{C}(\boldsymbol{q}_k(t),\dot{\boldsymbol{q}}_k(t))\dot{\boldsymbol{q}}_d(t)=\boldsymbol{\psi}(\boldsymbol{q}_k(t),\dot{\boldsymbol{q}}_k(t))\xi(t)$，$\boldsymbol{\psi}(\boldsymbol{q}_k(t),\dot{\boldsymbol{q}}_k(t)\in\mathbf{R}^{6\times1}$是已知矩阵，$\xi_k(t)\in\mathbf{R}^1$是在$[0,T]$上未知的连续变量。

所需的假设如下：

假设 1：期望轨迹及其对时间的一阶和二阶导数可以表示为 $\boldsymbol{q}_d(t)$、$\dot{\boldsymbol{q}}_d(t)$ 和 $\ddot{\boldsymbol{q}}_d(t)$。并且未知的扰动 $\boldsymbol{\omega}_k(t)$ 在$\forall t\in[0,T]$是有界的。

假设 2：对于 $\forall k\in\mathbf{Z}_+$，上肢康复机器人动力学模型的初始值表示为 $\dot{\boldsymbol{q}}_d(0)-\dot{\boldsymbol{q}}_k(0)=\boldsymbol{q}_d(0)-\boldsymbol{q}_k(0)=\mathbf{0}$。

针对脑卒中患者的被动康复训练，利用单隐层的前馈神经网络，提出基于RBF 神经网络的迭代学习控制方法。该控制方案基于经典的 PD 反馈结构，而

RBF 神经网络旨在消除干扰模型的误差并加快收敛速度。算法的控制框图如图 5.1 所示。

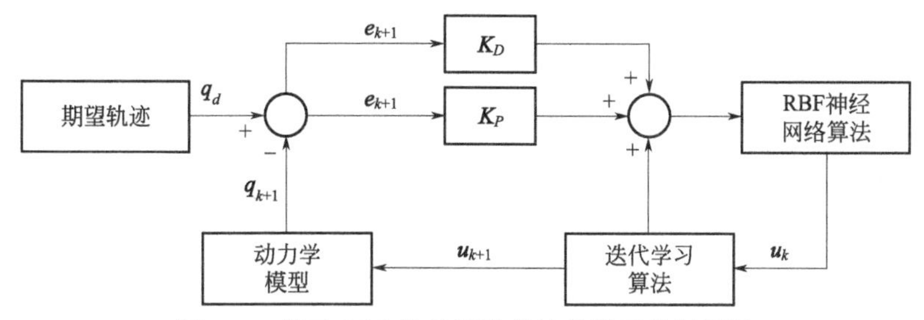

图 5.1　基于 RBF 神经网络的迭代学习控制框图

结合上肢康复机器人动力学模型——式(5-1) 和性质 1～2 以及假设 1～2，基于 RBF 神经网络的迭代学习控制律设计如下：

$$\boldsymbol{T}_k(t)=\boldsymbol{K}_{Pk}\boldsymbol{e}_k(t)+\boldsymbol{K}_{Dk}\dot{\boldsymbol{e}}_k(t)+\boldsymbol{T}_{k-1}(t)+\eta\operatorname{sgn}(\delta\boldsymbol{\varphi}_{k-1}) \tag{5-2}$$

其中，$\boldsymbol{K}_P$ 和 $\boldsymbol{K}_D$ 的切换规则可以描述为 $\boldsymbol{K}_{Pk}=\alpha(k)\boldsymbol{K}_{Pn}$，$\boldsymbol{K}_{Dk}=\alpha(k)\boldsymbol{K}_{Dn}$，$\alpha(k+1)>\alpha(k)$，$k=1,2,\cdots,N$。此外，令 $t_0=0$ 有

$$\boldsymbol{e}_k(t)=\boldsymbol{q}_d(t)-\boldsymbol{q}_k(t),\dot{\boldsymbol{e}}_k(t)=\dot{\boldsymbol{q}}_d(t)-\dot{\boldsymbol{q}}_k(t) \tag{5-3}$$

$\boldsymbol{K}_{p0}$ 和 $\boldsymbol{K}_{D0}$ 是正定增益矩阵，α 是增益的转换因子，并且满足以下不等式：

$$\alpha(k)>1 \text{ 和 } \|d_{I_{k+1}}(t)-d_{I_k}(t)\|=\|\delta d_{I_k}(t)\|\leqslant\eta \tag{5-4}$$

下面，将动力学模型沿康复轨迹线性化，利用泰勒公式展开后，该等式可以转化为：

$$\boldsymbol{M}(t)\ddot{\boldsymbol{e}}+(\boldsymbol{C}+\boldsymbol{C}_I)\dot{\boldsymbol{e}}+\boldsymbol{F}\boldsymbol{e}+\boldsymbol{\mu}(\ddot{\boldsymbol{e}},\dot{\boldsymbol{e}},\boldsymbol{e},t)=\boldsymbol{H}-(\boldsymbol{M}\ddot{\boldsymbol{q}}+\boldsymbol{C}\dot{\boldsymbol{q}}+\boldsymbol{G}) \tag{5-5}$$

式中，变量 $\boldsymbol{\mu}(\ddot{\boldsymbol{e}},\dot{\boldsymbol{e}},\boldsymbol{e},t)$ 包括高阶变量，为了便于书写和讨论，定义如下符号：

$\boldsymbol{H}(t)=\boldsymbol{M}\ddot{\boldsymbol{q}}_d(t)+\boldsymbol{C}\dot{\boldsymbol{q}}_d(t)+\boldsymbol{G}$；

$\boldsymbol{M}(t)=\boldsymbol{M}(\boldsymbol{q}_d(t))$；

$\boldsymbol{C}=\boldsymbol{C}(\boldsymbol{q}_d(t),\dot{\boldsymbol{q}}_d(t))$；

$$\boldsymbol{C}_I=\left.\frac{\partial\boldsymbol{C}}{\partial\dot{\boldsymbol{q}}}\right|_{\boldsymbol{q}_d(t),\dot{\boldsymbol{q}}_d(t)}\dot{\boldsymbol{q}}_d(t)+\left.\frac{\partial\boldsymbol{G}}{\partial\dot{\boldsymbol{q}}}\right|_{\boldsymbol{q}_d(t),\dot{\boldsymbol{q}}_d(t)};$$

$$\boldsymbol{F}(t)=\left.\frac{\partial\boldsymbol{M}}{\partial\dot{\boldsymbol{q}}}\right|_{\boldsymbol{q}_d(t)}\ddot{\boldsymbol{q}}_d(t)+\left.\frac{\partial\boldsymbol{C}}{\partial\dot{\boldsymbol{q}}}\right|_{\boldsymbol{q}_d(t),\dot{\boldsymbol{q}}_d(t)}\dot{\boldsymbol{q}}_d(t)+\left.\frac{\partial\boldsymbol{G}}{\partial\boldsymbol{q}}\right|_{\boldsymbol{q}_d(t)}$$

因此，式(5-1) 和式(5-5) 可以转化为

$$\boldsymbol{H}(t)-\boldsymbol{T}_k(t)=\boldsymbol{M}(t)\ddot{\boldsymbol{e}}_k(t)+[\boldsymbol{C}(t)+\boldsymbol{C}_I(t)]\dot{\boldsymbol{e}}_k(t)+\boldsymbol{F}(t)\boldsymbol{e}_k(t)+$$

$$\boldsymbol{\mu}(\ddot{\boldsymbol{e}}_k,\dot{\boldsymbol{e}}_k,\boldsymbol{e}_k,t)-\boldsymbol{d}_k(t) \tag{5-6}$$

令$-\boldsymbol{u}(\ddot{\boldsymbol{e}}_k,\dot{\boldsymbol{e}}_k,\boldsymbol{e}_k,t)+\boldsymbol{d}_k(t)=\boldsymbol{d}_{I_k}(t)$，则对于第$k$次和第$k+1$次迭代，可以将式(5-6)转化为式(5-7)和式(5-8)

$$\boldsymbol{H}(t)-\boldsymbol{T}_k(t)=\boldsymbol{M}(t)\ddot{\boldsymbol{e}}_k(t)+[\boldsymbol{C}(t)+\boldsymbol{C}_I(t)]\dot{\boldsymbol{e}}_k(t)+\boldsymbol{F}(t)\boldsymbol{e}_k(t)-\boldsymbol{d}_{I_k}(t) \tag{5-7}$$

$$\boldsymbol{H}(t)-\boldsymbol{T}_{k+1}(t)=\boldsymbol{M}(t)\ddot{\boldsymbol{e}}_{k+1}(t)+[\boldsymbol{C}(t)+\boldsymbol{C}_I(t)]\dot{\boldsymbol{e}}_{k+1}(t)+\boldsymbol{F}(t)\boldsymbol{e}_{k+1}(t)-\boldsymbol{d}_{I_{k+1}}(t) \tag{5-8}$$

定义$\boldsymbol{K}_{P0}=\lambda\boldsymbol{K}_{D0}$和$\boldsymbol{\varphi}_k(t)=\dot{\boldsymbol{e}}_k(t)+\lambda\boldsymbol{e}_k(t)$，基于RBF神经网络的迭代学习控制增益需要满足以下条件：

$$\begin{cases} l_p=\lambda_{\min}(\boldsymbol{K}_{D0}+2\boldsymbol{C}_I-2\lambda\boldsymbol{M})>0 \\ l_r=\lambda_{\min}\left(\boldsymbol{K}_{D0}+2\boldsymbol{C}_I+2\dfrac{\boldsymbol{F}}{\lambda}-2\dfrac{\dot{\boldsymbol{C}}_I}{\lambda}\right)>0 \\ l_p l_r \geqslant \left|\dfrac{\boldsymbol{F}}{\lambda}-(\boldsymbol{C}+\boldsymbol{C}_I-\lambda\boldsymbol{M})\right|_{\max}^2 \end{cases} \tag{5-9}$$

其中，$\lambda_{\min}$（$\boldsymbol{A}$）表示$\boldsymbol{A}$矩阵的最小特征值。

本书采用RBF神经网络的12-10-6结构来加速收敛迭代学习控制器控制状态的误差。其中，输入层包括12个节点，隐含层包括10个节点，输出层包括6个节点。设计的RBF神经网络模型结构示意图如图5.2所示。

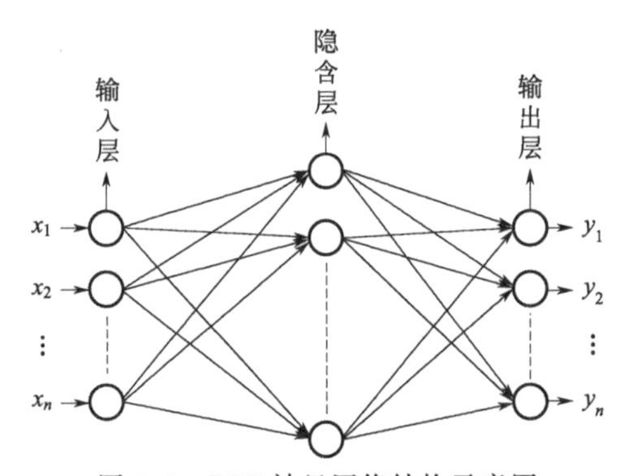

图5.2 RBF神经网络结构示意图

输入向量$\boldsymbol{x}$的隐含层第j高斯核神经元的输出和RBF神经网络的输出可以概括为：

$$h_j=\exp\left(-\frac{\|\boldsymbol{x}-\boldsymbol{c}_j\|^2}{b^2}\right),j=1,2,\cdots,5 \tag{5-10}$$

以及：

$$y=\omega^{T}h(x) \tag{5-11}$$

式中，$c_j\in\mathbf{R}^{12\times11}$ 是第 j 内核中心；$b=6$ 是内核宽度；$x=[e_1;e_2;\cdots;e_6;\dot{e}_1;\dot{e}_2;\cdots;\dot{e}_6]$表示输入向量；$y\in\mathbf{R}^{6\times1}$，$y$ 是输出向量；$h=[h_1;h_2\cdots h_{11}]$为高斯函数的输出；$w\in\mathbf{R}^{11\times6}$ 是神经网络的权重矩阵。

5.1.4 稳定性分析

定理 1：针对上肢康复机器人模型——式(5-1)，假设性质 1～4 成立，设计基于 RBF 神经网络的迭代学习控制律——式(5-2)，从而使上肢康复机器人系统渐近稳定。

证明：根据性质 1～4 和假设 1～2，候选 Lyapunov 能量函数为

$$V_k=\int_0^t \mathrm{e}^{-\rho t}\boldsymbol{\varphi}_k^{\mathrm{T}}\boldsymbol{K}_{D0}\boldsymbol{\varphi}_k\,\mathrm{d}\tau\geqslant 0 \tag{5-12}$$

其中，ρ 是一个正的常数。利用 $\boldsymbol{\varphi}_k(t)=\dot{\boldsymbol{e}}_k(t)+\lambda\boldsymbol{e}_k(t)$，可以得到

$$\delta\boldsymbol{\varphi}_k=\boldsymbol{\varphi}_{k+1}-\boldsymbol{\varphi}_k=\delta\dot{\boldsymbol{e}}_k+\lambda\delta\boldsymbol{e}_k \tag{5-13}$$

由式(5-7)、式(5-8)、式(5-13) 和 $\boldsymbol{K}_{P(k+1)}=\lambda\boldsymbol{K}_{D(k+1)}$，可以得到

$$\boldsymbol{M}\delta\dot{\boldsymbol{\varphi}}_k+\boldsymbol{K}_{Dk}\boldsymbol{\varphi}_k=-(\boldsymbol{C}+\boldsymbol{C}_I-\lambda\boldsymbol{M}+\boldsymbol{K}_{D(k+1)})\delta\boldsymbol{\varphi}_k-[\boldsymbol{F}-\lambda(\boldsymbol{C}+\boldsymbol{C}_I-\lambda\boldsymbol{M})]\delta\boldsymbol{e}_k \tag{5-14}$$

根据 V_k 的定义，可以得到第 $k+1$ 次迭代表达式如下：

$$V_{k+1}=\int_0^t \mathrm{e}^{-\rho t}\boldsymbol{\varphi}_{k+1}^{\mathrm{T}}\boldsymbol{K}_{D0}\boldsymbol{\varphi}_{k+1}\,\mathrm{d}\tau\geqslant 0 \tag{5-15}$$

定义 $\Delta V_k=V_{k+1}-V_k$，根据式(5-12) 和式(5-13) 可以得出如下等式：

$$\begin{aligned}\Delta V_k=&\frac{1}{\alpha(k+1)}\Big\{\int_0^t \mathrm{e}^{-\rho\tau}\delta\boldsymbol{\varphi}_k^{\mathrm{T}}\boldsymbol{K}_{D(k+1)}\delta\boldsymbol{\varphi}_k\,\mathrm{d}\tau-2\int_0^t \mathrm{e}^{-\rho\tau}\delta\boldsymbol{\varphi}_k^{\mathrm{T}}\boldsymbol{K}_{D(k+1)}\boldsymbol{M}\delta\dot{\boldsymbol{\varphi}}_k\,\mathrm{d}\tau\\&-2\int_0^t \mathrm{e}^{-\rho\tau}\delta\boldsymbol{\varphi}_k^{\mathrm{T}}\{(\boldsymbol{C}+\boldsymbol{C}_I-\lambda\boldsymbol{M}+\boldsymbol{K}_{D(k+1)})\delta\boldsymbol{\varphi}_k[\boldsymbol{F}-\lambda(\boldsymbol{C}+\boldsymbol{C}_I-\lambda\boldsymbol{M})]\delta\boldsymbol{\varphi}_k\}\,\mathrm{d}\tau\Big\}\end{aligned} \tag{5-16}$$

通过分部积分计算积分环节 $\int_0^t \mathrm{e}^{(-\rho\tau)}\delta\boldsymbol{\varphi}_k^{\mathrm{T}}\boldsymbol{M}\delta\dot{\boldsymbol{\varphi}}_k\,\mathrm{d}\tau$，结合性质 2 和假设 2，利用式(5-13) 和式(5-14)，可以得到以下不等式

$$\begin{aligned}\Delta V_k\leqslant&\frac{1}{\alpha(k+1)}\Big\{-\mathrm{e}^{-\rho\tau}\delta\boldsymbol{\varphi}_k^{\mathrm{T}}\boldsymbol{M}\delta\boldsymbol{\varphi}_k-\rho\int_0^t \mathrm{e}^{-\rho\tau}\delta\boldsymbol{\varphi}_k^{\mathrm{T}}\boldsymbol{M}\delta\boldsymbol{\varphi}_k\,\mathrm{d}\tau\\&-\int_0^t \mathrm{e}^{-\rho\tau}\delta\dot{\boldsymbol{e}}_k^{\mathrm{T}}(\boldsymbol{K}_{D0}+2\boldsymbol{C}_I-2\lambda\boldsymbol{M})\delta\dot{\boldsymbol{e}}_k\,\mathrm{d}\tau\\&-2\lambda\int_0^t \mathrm{e}^{-\rho\tau}\delta\boldsymbol{e}_k^{\mathrm{T}}(K_{D0}+2\boldsymbol{C}_I-2\lambda\boldsymbol{M})\delta\dot{\boldsymbol{e}}_k\,\mathrm{d}\tau\end{aligned}$$

$$
\begin{aligned}
&-2\int_0^t e^{-\rho\tau}\delta\dot{\boldsymbol{e}}_k^{\mathrm{T}}[\boldsymbol{F}-\lambda(\boldsymbol{C}+\boldsymbol{C}_I-\lambda\boldsymbol{M})]\delta\boldsymbol{e}_k\,d\tau \\
&-\lambda^2\int_0^t e^{-\rho\tau}\delta\dot{\boldsymbol{e}}_k^{\mathrm{T}}(\boldsymbol{K}_{D0}+2\boldsymbol{C}_I-2\lambda\boldsymbol{M})\delta\boldsymbol{e}_k\,d\tau \\
&-2\lambda\int_0^t e^{-\rho\tau}\delta\boldsymbol{e}_k^{\mathrm{T}}[\boldsymbol{F}-\lambda(\boldsymbol{C}+\boldsymbol{C}_I-\lambda\boldsymbol{M})]\delta\boldsymbol{e}_k\,d\tau\Big\}
\end{aligned}\tag{5-17}
$$

接下来，积分环节 $\int_0^t e^{(-\rho\tau)}\delta\boldsymbol{e}_k^{\mathrm{T}}(\boldsymbol{K}_{D0}+2\boldsymbol{C}_I-2\lambda\boldsymbol{M})\delta\dot{\boldsymbol{e}}_k\,d\tau$ 再次积分计算，结合式(5-9)，式(5-17) 可以转化为

$$
\begin{aligned}
\Delta V_k \leqslant \frac{1}{\alpha(k+1)}&[-e^{-\rho\tau}\delta\boldsymbol{\varphi}_k^{\mathrm{T}}\boldsymbol{M}\delta\boldsymbol{\varphi}_k-\lambda e^{-\rho t}\delta\boldsymbol{e}_k^{\mathrm{T}}l_p\delta\boldsymbol{e}_k \\
&-\rho\int_0^t e^{-\rho\tau}\delta\boldsymbol{\varphi}_k^{\mathrm{T}}\boldsymbol{M}\delta\boldsymbol{\varphi}_k\,d\tau-\rho\lambda\int_0^t e^{-\rho\tau}\delta\boldsymbol{e}_k^{\mathrm{T}}l_p\delta\boldsymbol{e}_k\,d\tau \\
&-\int_0^t e^{-\rho\tau}\beta\,d\tau]
\end{aligned}\tag{5-18}
$$

其中，

$$
\begin{aligned}
\beta=&\delta\dot{\boldsymbol{e}}_k^{\mathrm{T}}(\boldsymbol{K}_{D0}+2\boldsymbol{C}_I-2\lambda\boldsymbol{M})\delta\dot{\boldsymbol{e}}_k+2\lambda\delta\dot{\boldsymbol{e}}_k^{\mathrm{T}}\left[\frac{\boldsymbol{F}}{\lambda}-(\boldsymbol{C}+\boldsymbol{C}_I-\lambda\boldsymbol{M})\right]\delta\boldsymbol{e}_k+ \\
&\lambda^2\delta\boldsymbol{e}_k^{\mathrm{T}}\left(\boldsymbol{K}_{D0}+2\boldsymbol{C}+2\frac{\boldsymbol{F}}{\lambda}-2\frac{\dot{\boldsymbol{C}}_I}{\lambda}\right)\delta\boldsymbol{e}_k
\end{aligned}\tag{5-19}
$$

由 $\boldsymbol{H}=\frac{\boldsymbol{F}}{\lambda}-(\boldsymbol{C}+\boldsymbol{C}_I-\lambda\boldsymbol{M})$ 和式(5-16)，以下不等式可以描述为：

$$
\beta\geqslant l_p|\delta\dot{\boldsymbol{e}}|^2+2\lambda\delta\dot{\boldsymbol{e}}^{\mathrm{T}}\boldsymbol{H}\delta\dot{\boldsymbol{e}}+\lambda^2 l_r|\delta\boldsymbol{e}|^2 \tag{5-20}
$$

根据 Cauchy-Schwartz 不等式，不等式(5-20) 可以转化为

$$
\begin{aligned}
\beta&\geqslant l_p|\delta\dot{\boldsymbol{e}}|^2-2\lambda|\delta\boldsymbol{e}||\boldsymbol{H}|_{\max}|\delta\boldsymbol{e}|+\lambda^2 l_r|\delta\boldsymbol{e}|^2 \\
&=l_p\left(|\delta\dot{\boldsymbol{e}}|-\frac{\lambda}{l_p}|\boldsymbol{H}|_{\max}|\delta\boldsymbol{e}|\right)^2+\lambda^2\left(l_p-\frac{1}{l_r}|\boldsymbol{H}|_{\max^2}\right)|\delta\boldsymbol{e}|^2\geqslant 0
\end{aligned}\tag{5-21}
$$

结合式(5-16)～式(5-21) 和性质 1，可以证明 $\Delta V_k\leqslant 0$。因此，$V_{k+1}\leqslant V_k$ 成立。如果 $k\to\infty$，则 $\boldsymbol{e}_k\to\infty$ 和 $\dot{\boldsymbol{e}}_k\to\infty$。因此，定理证毕。

5.1.5 仿真分析

假设上肢康复机器人连杆质量均匀分布，如图 5.3 所示，机器人的每根连杆的几何尺寸都可以用四个参数来描述，其中参数 a_i 和 α_i 用于描述连杆自身的几何特征，其数值的大小是由 z_{i-1} 和 z_i 两轴之间的距离和夹角确定的。另外两个参数偏距 d_i 和关节角 θ_i 表示两连杆之间的连接关系，其数值的大小是由 x_{i-1}

和 x_i 两轴之间的距离和夹角确定的，机器人 D-H 模型参数如表 5.2 所示。

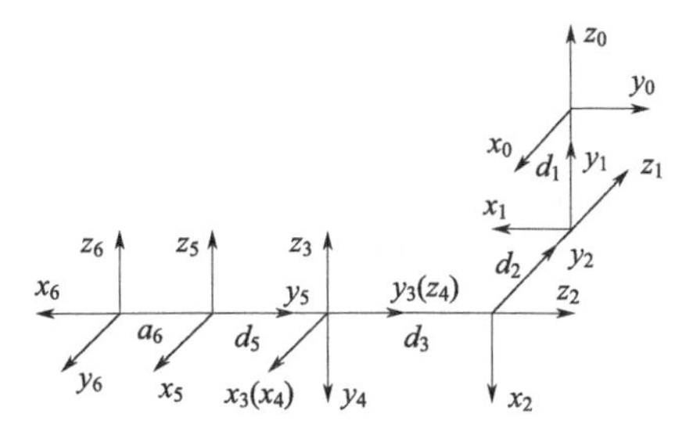

图 5.3　机器人 D-H 参数模型

表 5.2　机器人 D-H 模型参数

关节 i	连杆长度 a_i	旋转角度 α_i	偏移量 d_i	关节角度 θ_i	角度范围
1	0	90°	235mm	θ_1(−90°)	−90°～30°
2	0	90°	20mm	θ_2(−90°)	−90°～45°
3	0	90°	420mm	θ_3(−90°)	−80°～45°
4	0	90°	0	θ_4(0°)	0°～135°
5	0	90°	265mm	θ_5(0°)	−45°～45°
6	83mm	0°	0	θ_6(−90°)	−45°～45°

为给定上肢康复机器人真实合理的训练轨迹，如图 5.4 所示，本节采用 Qualisys 三维动作捕捉系统对人体上肢的运动轨迹进行采集。如图 5.5 所示，分别在人体的肩部、大臂和小臂粘贴四个标记点并将其定义为刚体，用以建立人体上肢的局部坐标系；分别在肩关节、肘关节、腕关节和手部粘贴一个标记点，用以提取运动轨迹。受试者在 20s 内用右手连续摸腹部和背部三次，将三维动作捕捉系统采集到的各关节角数据导出至 Matlab 软件中进行处理，其中六个关节角度拟合公式如下

$$q_{id}=\frac{1}{2i}+\frac{1}{4}\sum_{k=1}^{3}\frac{i}{ik+1}\sin\left(kt+\frac{\pi i}{2k}\right) \tag{5-22}$$

其中，$q_{id}(i=1,2,3,4,5,6)$ 代表肩关节屈/伸、外展/内收、旋内/旋外；肘关节屈/伸、旋内/旋外和腕关节屈/伸的期望训练轨迹。

图 5.6 为上肢康复机器人各关节轨迹跟踪曲线。实线代表期望的康复训练轨迹，点线代表实际的康复训练轨迹。q_{id} 表示拟合的期望轨迹，而 q_i 表示实际轨迹。当迭代次数增加时，关节 q_i 的轨迹逐渐向 q_{id} 的轨迹逼近，当迭代到第 10 次时，也就是各关节跟踪期望轨迹 q_{id} 重复运动 10 次之后，q_i 与 q_{id} 的轨迹基本吻合。

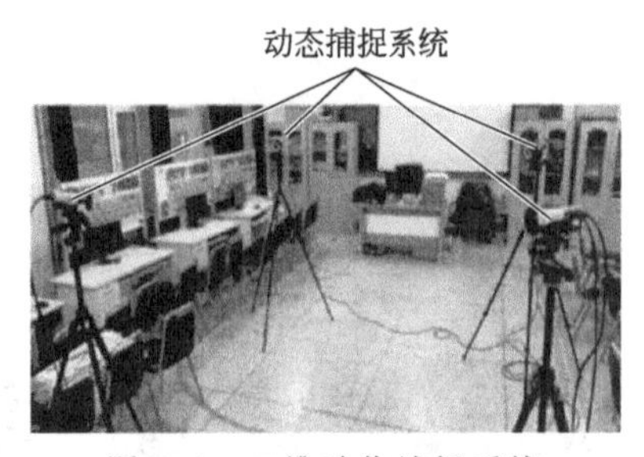

图 5.4 三维动作捕捉系统

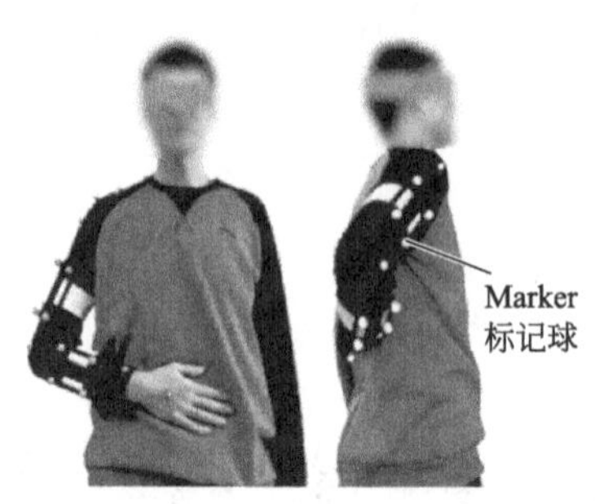

图 5.5 康复训练动作

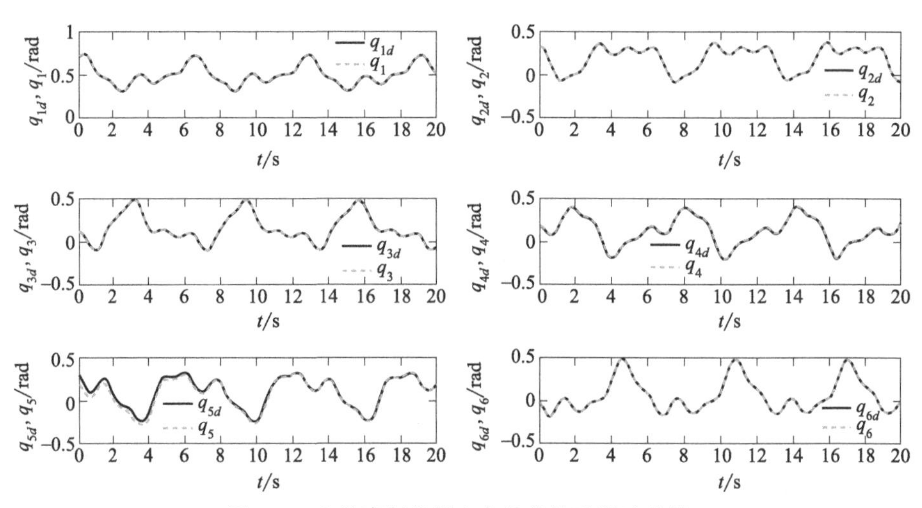

图 5.6 上肢康复机器人各关节轨迹跟踪曲线

轨迹跟踪误差如图 5.7 和图 5.8 所示。随着迭代次数的增加，其跟踪误差有下降的趋势，即后一个迭代周期相比于前一个迭代周期具有更好的跟踪性能，且逐渐收敛于 0，这体现了迭代学习控制的优越性。另外，由两种控制器

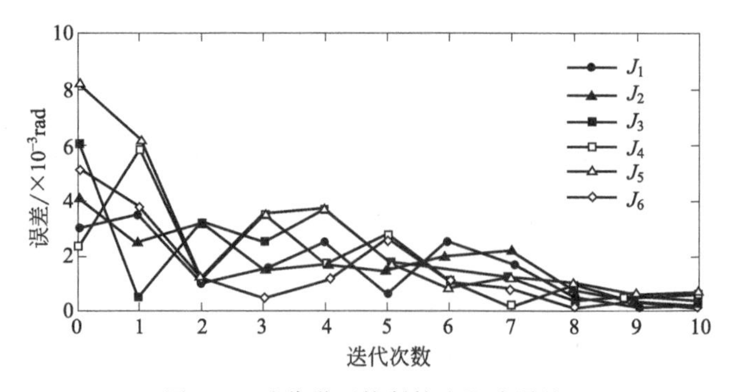

图 5.7 迭代学习控制轨迹跟踪误差

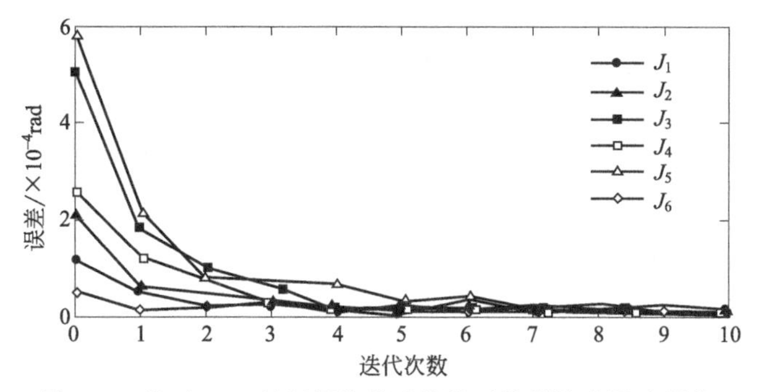

图 5.8　基于 RBF 神经网络的迭代学习控制轨迹跟踪误差

的误差对比可以看出，所提出的基于 RBF 神经网络的迭代学习控制器的系统误差明显小于迭代学习控制器，其精度更高收敛速度更快。

5.2　基于 RBF 神经网络的滑模控制构建与分析

5.1 节针对脑卒中偏瘫患者的被动康复训练，提出了基于 RBF 神经网络的迭代学习方法，验证了所设计的可穿戴式上肢康复机器人的跟踪性能。由于痉挛期的患者在进行康复训练时，患者会不受控地产生肌肉痉挛，给机器人系统带来一定的扰动，以及系统本身存在建模误差等不确定因素，导致机器人系统存在抖振问题，造成机器人系统的跟踪性能下降。因此，如何避免和消除机器人系统存在的非线性以及不确定性，是可穿戴式上肢康复机器人系统轨迹跟踪研究面临的主要问题[113]。因此，本节提出一种基于 RBF 网络参数的滑模控制方法，利用神经网络自适应地逼近系统不确定性的未知上界，达到传统滑模控制对系统未知上界的要求，削弱抖振，提高系统的稳定性。

5.2.1　系统模型建立及问题描述

在进行康复训练时，患者上肢与机器人相互连接，整个系统的动力学模型非常复杂。本书通过牛顿-拉格朗日法对机器人进行动力学建模。

拉格朗日函数为

$$L=E_K-E_P \tag{5-23}$$

系统的总动能包括上肢康复机器人各杆件的动能和电机、减速机的动能，

可表示为

$$E_K=\frac{1}{2}\sum_{i=1}^{3}\mathrm{tr}\left[\sum_{j=1}^{i}\sum_{k=1}^{i}\frac{\partial \boldsymbol{T}_i}{\partial \boldsymbol{q}_j}\boldsymbol{I}_i\left(\frac{\partial \boldsymbol{T}_i}{\partial \boldsymbol{q}_k}\right)^{\mathrm{T}}\dot{\boldsymbol{q}}_j\dot{\boldsymbol{q}}_k\right]+\frac{1}{2}\sum_{i=1}^{n}\boldsymbol{I}_{ai}\dot{\boldsymbol{q}}_i^2 \tag{5-24}$$

式中，tr 表示矩阵的迹；$\boldsymbol{T}_i$ 为 i 坐标系相对于基坐标系的齐次变换矩阵；$\boldsymbol{I}_i$ 为机器人的伪惯量矩阵；$\boldsymbol{I}_{ai}$ 为传动装置的等效转动惯量。

系统的总势能可表示为

$$E_P=-\sum_{i=1}^{3}m_i\boldsymbol{g}^{\mathrm{T}}\boldsymbol{T}_i\boldsymbol{r}_i \tag{5-25}$$

将式(5-24) 和式(5-25) 代入系统的拉格朗日方程

$$\boldsymbol{\tau}=\frac{\mathrm{d}}{\mathrm{d}t}\left(\frac{\partial L}{\partial \dot{\boldsymbol{q}}}\right)-\frac{\partial L}{\partial \boldsymbol{q}} \tag{5-26}$$

考虑到对痉挛期的患者进行康复训练时，患者会不受控地产生肌肉痉挛，给机器人系统带来一定的扰动，加入干扰项和摩擦项，可得到：

$$\boldsymbol{D}(\boldsymbol{q})\ddot{\boldsymbol{q}}+\boldsymbol{C}(\boldsymbol{q},\dot{\boldsymbol{q}})\dot{\boldsymbol{q}}+\boldsymbol{G}(\boldsymbol{q})+\boldsymbol{F}(\dot{\boldsymbol{q}})+\boldsymbol{\tau}_d=\boldsymbol{\tau} \tag{5-27}$$

式中，$\boldsymbol{D}(\boldsymbol{q})$ 是质量矩阵；$\boldsymbol{C}(\boldsymbol{q},\dot{\boldsymbol{q}})$ 是向心力和科里奥利力矩阵；$\boldsymbol{G}(\boldsymbol{q})$ 是重力矩阵；$\boldsymbol{F}(\dot{\boldsymbol{q}})$ 是摩擦力矩阵；$\boldsymbol{\tau}_d$ 是康复过程中存在的患者未知有界肌肉痉挛力矩矩阵。

式(5-23) 所描述的康复机器人动力学系统具有如下结构特性：

性质 1：矩阵 $\dot{\boldsymbol{D}}(\boldsymbol{q}_k(t))-2\boldsymbol{C}(\boldsymbol{q}_k(t),\dot{\boldsymbol{q}}_k(t))$ 是斜对称矩阵，并且 $\boldsymbol{x}^{\mathrm{T}}[\dot{\boldsymbol{D}}(\boldsymbol{q}_k(t))-2\boldsymbol{C}(\boldsymbol{q}_k(t)\dot{\boldsymbol{q}}_k(t))]\boldsymbol{x}=0$，$\forall \boldsymbol{x}\in\mathbf{R}^4$。

性质 2：矩阵 $\boldsymbol{D}(\boldsymbol{q}_k(t))\in\mathbf{R}^{4\times4}$ 有界且正定。

性质 3：向心力矩阵、科里奥利力矩阵和重力矢量矩阵是有界的，即 $\|\boldsymbol{C}(\boldsymbol{q}_k(t),\dot{\boldsymbol{q}}_k(t))\|\leqslant k_c\|\dot{\boldsymbol{q}}_k(t)\|$ 和 $\|\boldsymbol{G}(\boldsymbol{q}_k(t))\|<k_g$，$\forall t\in[0,T]$ 且 $\forall k\in\mathbf{Z}_+$，其中 k_c 和 k_g 是未知的正常数参数。

性质 4：$\boldsymbol{G}(\boldsymbol{q}_k(t))+\boldsymbol{C}(\boldsymbol{q}_k(t),\dot{\boldsymbol{q}}_k(t))\dot{\boldsymbol{q}}_d(t)=\boldsymbol{\Psi}(\boldsymbol{q}_k(t),\dot{\boldsymbol{q}}_k(t))\xi(t)$，$\boldsymbol{\Psi}(\boldsymbol{q}_k(t),\dot{\boldsymbol{q}}_k(t))\in\mathbf{R}^{6\times1}$是已知矩阵，$\xi_k(t)\in\mathbf{R}^1$是在 $[0,T]$ 上未知的连续变量。

5.2.2 基于 RBF 神经网络逼近的滑模控制

RBF 神经网络自适应滑模控制是将神经网络和滑模控制相结合、优势互补的方法。本节提出基于 RBF 神经网络的滑模控制方法，由于神经网络具有自适应学习的能力，能够对负载和外界干扰进行自动补偿，所以 RBF 神经网络自适应滑模控制能够锁定外界变化而自动调整，减小滑模控制中的抖振。

机器人的跟踪误差为

$$\boldsymbol{e}(t)=\boldsymbol{q}_d(t)-\boldsymbol{q}(t) \tag{5-28}$$

控制目标为 $t\to\infty$ 时，$\boldsymbol{e}(t)\to\boldsymbol{0}$，$\dot{\boldsymbol{e}}(t)\to\boldsymbol{0}$。定义滑模误差函数为 $\boldsymbol{s}=\dot{\boldsymbol{e}}+\boldsymbol{\Lambda e}$，其中，$\boldsymbol{\Lambda}=\boldsymbol{\Lambda}^{\mathrm{T}}>\boldsymbol{0}$，则

$$\dot{\boldsymbol{q}}=-\boldsymbol{s}+\dot{\boldsymbol{q}}_d+\boldsymbol{\Lambda e} \tag{5-29}$$

$$\begin{aligned}\boldsymbol{D}\dot{\boldsymbol{s}}&=\boldsymbol{D}(\ddot{\boldsymbol{q}}_d-\ddot{\boldsymbol{q}}+\boldsymbol{\Lambda}\dot{\boldsymbol{e}})=\boldsymbol{D}(\ddot{\boldsymbol{q}}_d+\boldsymbol{\Lambda}\dot{\boldsymbol{e}})-\boldsymbol{D}\ddot{\boldsymbol{q}}\\&=\boldsymbol{D}(\ddot{\boldsymbol{q}}_d+\boldsymbol{\Lambda}\dot{\boldsymbol{e}})+\boldsymbol{C}\dot{\boldsymbol{q}}+\boldsymbol{G}+\boldsymbol{F}+\boldsymbol{\tau}_d-\boldsymbol{\tau}\\&=\boldsymbol{D}(\ddot{\boldsymbol{q}}_d+\boldsymbol{\Lambda}\dot{\boldsymbol{e}})-\boldsymbol{Cr}+\boldsymbol{C}(\dot{\boldsymbol{q}}_d+\boldsymbol{\Lambda e})+\boldsymbol{G}+\boldsymbol{F}+\boldsymbol{\tau}_d-\boldsymbol{\tau}\\&=-\boldsymbol{Cr}-\boldsymbol{\tau}+\boldsymbol{f}+\boldsymbol{\tau}_d\end{aligned} \tag{5-30}$$

式中，$\boldsymbol{f}=\boldsymbol{D}(\ddot{\boldsymbol{q}}_d+\boldsymbol{\Lambda}\dot{\boldsymbol{e}})+\boldsymbol{C}(\dot{\boldsymbol{q}}_d+\boldsymbol{\Lambda e})+\boldsymbol{G}+\boldsymbol{F}$。

在康复训练中，模型不确定项 $\boldsymbol{f}$ 为未知，此时需要对不确定项 $\boldsymbol{f}$ 进行逼近。采用 RBF 网络逼近 $\boldsymbol{f}$。第 i 关节的理想的 RBF 网络算法为

$$\begin{aligned}&\boldsymbol{h}_{ij}=\exp|\boldsymbol{x}_i-\boldsymbol{c}_{ij}|^2/\sigma_{ij}^2,\quad j=1,2,\cdots,m\\&\boldsymbol{f}_i=\boldsymbol{w}_i^{\mathrm{T}}\boldsymbol{h}_i+\boldsymbol{\varepsilon}_i\end{aligned} \tag{5-31}$$

式中，$\boldsymbol{x}_i=[\boldsymbol{e}_i\quad \dot{\boldsymbol{e}}_i\quad \boldsymbol{q}_{di}\quad \dot{\boldsymbol{q}}_{di}\quad \ddot{\boldsymbol{q}}_{di}]$ 为第 i 关节网络输入信号；$\boldsymbol{h}_i=[h_{i1}\quad h_{i2}\quad \cdots\quad h_{im}]^{\mathrm{T}}$；$\boldsymbol{\varepsilon}_i$ 为第 i 关节神经网络逼近误差；$\boldsymbol{w}_i$ 为第 i 个关节的理想权值。

根据 $\boldsymbol{f}_i$ 的表达式，网络输入取 $\boldsymbol{x}=[\boldsymbol{e}\quad \dot{\boldsymbol{e}}\quad \boldsymbol{q}_d\quad \dot{\boldsymbol{q}}_d\quad \ddot{\boldsymbol{q}}_d]$，则

$$\boldsymbol{f}=[\boldsymbol{f}_1\quad \cdots\quad \boldsymbol{f}_i\quad \cdots\quad \boldsymbol{f}_n]^{\mathrm{T}}=\begin{bmatrix}\boldsymbol{w}_1^{\mathrm{T}}\boldsymbol{h}_1+\boldsymbol{\varepsilon}_1\\ \vdots\\ \boldsymbol{w}_i^{\mathrm{T}}\boldsymbol{h}_i+\boldsymbol{\varepsilon}_i\\ \vdots\\ \boldsymbol{w}_n^{\mathrm{T}}\boldsymbol{h}_n+\boldsymbol{\varepsilon}_n\end{bmatrix}=\begin{bmatrix}\boldsymbol{w}_1^{\mathrm{T}}\boldsymbol{h}_1\\ \vdots\\ \boldsymbol{w}_2^{\mathrm{T}}\boldsymbol{h}_i\\ \vdots\\ \boldsymbol{w}_n^{\mathrm{T}}\boldsymbol{h}_n\end{bmatrix}+\boldsymbol{\varepsilon} \tag{5-32}$$

其中，$\boldsymbol{\varepsilon}=[\boldsymbol{\varepsilon}_1\quad \cdots\quad \boldsymbol{\varepsilon}_i\quad \cdots\quad \boldsymbol{\varepsilon}_n]^{\mathrm{T}}$，$|\boldsymbol{\varepsilon}|\leqslant\varepsilon_N$。

5.2.3 基于单参数的自适应滑模控制

取 $\hat{\boldsymbol{w}}_i$ 为第 i 个关节的估计权值，令 $\tilde{\boldsymbol{w}}_i=\boldsymbol{w}_i-\hat{\boldsymbol{w}}_i$，$\|\boldsymbol{w}_i\|_{\mathrm{F}}\leqslant w_{i\max}$。

取单个参数为 α，$\alpha=\max\limits_{1\leqslant i\leqslant n}\{\|w_i\|^2\}$，$\alpha$ 为正常数，$\hat{\alpha}$ 为 α 的估计，$\tilde{\alpha}=\hat{\alpha}-\alpha$。

定义 $\boldsymbol{W}=\begin{bmatrix}\boldsymbol{w}_1\\ \vdots\\ \boldsymbol{w}_n\end{bmatrix}$，$\boldsymbol{H}=\begin{bmatrix}\boldsymbol{h}_1\\ \vdots\\ \boldsymbol{h}_n\end{bmatrix}$，$\widetilde{\boldsymbol{W}}=\boldsymbol{W}-\hat{\boldsymbol{W}}$，根据 GL 算子可得

$$\boldsymbol{W}\circ\boldsymbol{H}=\begin{bmatrix}\boldsymbol{w}_1^{\mathrm{T}}\boldsymbol{h}_1\\ \vdots\\ \boldsymbol{w}_n^{\mathrm{T}}\boldsymbol{h}_n\end{bmatrix},\boldsymbol{s}\circ\boldsymbol{s}=\begin{bmatrix}\boldsymbol{s}_1^{\mathrm{T}}\boldsymbol{s}_1\\ \vdots\\ \boldsymbol{s}_n^{\mathrm{T}}\boldsymbol{s}_u\end{bmatrix},\boldsymbol{H}\circ\boldsymbol{H}=\begin{bmatrix}\boldsymbol{h}_1^{\mathrm{T}}\boldsymbol{h}_1\\ \vdots\\ \boldsymbol{h}_n^{\mathrm{T}}\boldsymbol{h}_n\end{bmatrix}$$

则 $\boldsymbol{f}=\boldsymbol{W}\cdot\boldsymbol{H}+\boldsymbol{\varepsilon}$。

设置控制率为

$$\boldsymbol{\tau}=\frac{1}{2}\hat{\alpha}\boldsymbol{s}\circ(\boldsymbol{H}\circ\boldsymbol{H})+\boldsymbol{K}_v\boldsymbol{s}-\boldsymbol{v} \tag{5-33}$$

其中，$\boldsymbol{v}$ 为用于克服神经网络逼近误差 $\boldsymbol{\varepsilon}$ 的鲁棒项。$\boldsymbol{v}$ 设计为 $\boldsymbol{v}=-(\varepsilon_N+b_d)\mathrm{sgn}(\boldsymbol{s})$。

将控制率式(5-33) 代入式(5-30)，得

$$\boldsymbol{D}\dot{\boldsymbol{s}}=-(\boldsymbol{K}_v+\boldsymbol{C})\boldsymbol{s}-\frac{1}{2}\hat{\alpha}\boldsymbol{s}\circ(\boldsymbol{H}\circ\boldsymbol{H})+(\boldsymbol{f}+\boldsymbol{\tau}_{\mathrm{d}})+\boldsymbol{v} \tag{5-34}$$

5.2.4 稳定性分析

定义 Lyapunov 函数：

$$L=\frac{1}{2}\boldsymbol{s}^{\mathrm{T}}\boldsymbol{D}\boldsymbol{s}+\frac{1}{2\gamma}\tilde{\alpha}^2 \tag{5-35}$$

其中，$\gamma>0$。于是

$$\begin{aligned}\dot{L}&=\boldsymbol{s}^{\mathrm{T}}\boldsymbol{D}\dot{\boldsymbol{s}}+\frac{1}{2}\boldsymbol{s}^{\mathrm{T}}\dot{\boldsymbol{D}}\boldsymbol{s}+\frac{1}{\gamma}\tilde{\alpha}\dot{\hat{\alpha}}\\
&=\boldsymbol{s}^{\mathrm{T}}\left[-(\boldsymbol{K}_v+\boldsymbol{C})\boldsymbol{s}-\frac{1}{2}\hat{\alpha}\boldsymbol{s}\circ(\boldsymbol{H}\circ\boldsymbol{H})+(\boldsymbol{f}+\boldsymbol{\tau}_d)+\boldsymbol{v}\right]+\frac{1}{2}\boldsymbol{s}^{\mathrm{T}}\dot{\boldsymbol{D}}\boldsymbol{s}+\frac{1}{\gamma}\tilde{\alpha}\dot{\hat{\alpha}}\\
&=\boldsymbol{s}^{\mathrm{T}}\left[-\boldsymbol{K}_v\boldsymbol{s}-\frac{1}{2}\hat{\alpha}\boldsymbol{s}\circ(\boldsymbol{H}\circ\boldsymbol{H})+\boldsymbol{W}\circ\mathrm{H}+(\boldsymbol{\varepsilon}+\boldsymbol{\tau}_d+\boldsymbol{v})\right]+\frac{1}{2}\boldsymbol{s}^{\mathrm{T}}(\dot{\boldsymbol{D}}-2\boldsymbol{C})\boldsymbol{s}+\frac{1}{\gamma}\tilde{\alpha}\dot{\hat{\alpha}}\\
&=\boldsymbol{s}^{\mathrm{T}}\left[-\frac{1}{2}\hat{\alpha}\boldsymbol{s}\circ(\boldsymbol{H}\circ\boldsymbol{H})+\boldsymbol{W}\circ\mathrm{H}\right]-\boldsymbol{s}^{\mathrm{T}}\boldsymbol{K}_v\boldsymbol{s}+\boldsymbol{s}^{\mathrm{T}}(\boldsymbol{\varepsilon}+\boldsymbol{\tau}_d+\boldsymbol{v})+\frac{1}{\gamma}\tilde{\alpha}\dot{\hat{\alpha}}\end{aligned} \tag{5-36}$$

由于

$$
\begin{cases}
\boldsymbol{s}^{\mathrm{T}}(\dot{\boldsymbol{D}}-2\boldsymbol{C})\boldsymbol{s}=0 \\
\boldsymbol{s}^{\mathrm{T}}(\boldsymbol{\varepsilon}+\boldsymbol{\tau}_d+\boldsymbol{v})=\boldsymbol{s}^{\mathrm{T}}[\boldsymbol{\varepsilon}+\boldsymbol{\tau}_d-(\varepsilon_N+b_d)\ \mathrm{sgn}(\boldsymbol{s})]\leqslant 0 \\
\boldsymbol{s}^{\mathrm{T}}[\boldsymbol{W}\circ\boldsymbol{H}]=[\boldsymbol{s}_1 \quad \cdots \quad \boldsymbol{s}_n]\begin{bmatrix}\boldsymbol{w}_1^{\mathrm{T}}\boldsymbol{h}_1 \\ \vdots \\ \boldsymbol{w}_n^{\mathrm{T}}\boldsymbol{h}_n\end{bmatrix}=\sum_{i=1}^{n}\boldsymbol{s}_i\boldsymbol{w}_i^{\mathrm{T}}\boldsymbol{h}_i \\
\boldsymbol{s}_i^2\phi\boldsymbol{h}_i^{\mathrm{T}}\boldsymbol{h}_i+1\geqslant\boldsymbol{s}_i^2\|\boldsymbol{w}_i\|^2\|\boldsymbol{h}_i\|^2+1\geqslant 2\boldsymbol{s}_i\boldsymbol{w}_i^{\mathrm{T}}\boldsymbol{h}_i
\end{cases}
\tag{5-37}
$$

又由于

$$
\begin{cases}
\boldsymbol{s}_i\boldsymbol{w}_i^{\mathrm{T}}\boldsymbol{h}_i\leqslant\dfrac{1}{2}\boldsymbol{s}_i^2\phi\boldsymbol{h}_i^{\mathrm{T}}\boldsymbol{h}_i+\dfrac{1}{2}=\dfrac{1}{2}\boldsymbol{s}_i^2\phi\boldsymbol{h}_i^{\mathrm{T}}\boldsymbol{h}_i+\dfrac{1}{2} \\
\boldsymbol{s}^{\mathrm{T}}[\boldsymbol{W}\circ\boldsymbol{H}]\leqslant\dfrac{1}{2}\phi\displaystyle\sum_{i=1}^{n}\boldsymbol{s}_i^2\boldsymbol{h}_i^{\mathrm{T}}\boldsymbol{h}_i+\dfrac{n}{2}
\end{cases}
\tag{5-38}
$$

且

$$
\begin{aligned}
\boldsymbol{s}^{\mathrm{T}}\left[-\frac{1}{2}\hat{\alpha}\boldsymbol{s}\circ(\boldsymbol{H}\circ\boldsymbol{H})\right]&=-\frac{1}{2}\hat{\alpha}\,[\boldsymbol{s}_1 \quad \cdots \quad \boldsymbol{s}_n]\left(\begin{bmatrix}\boldsymbol{s}_1 \\ \vdots \\ \boldsymbol{s}_n\end{bmatrix}\circ\begin{bmatrix}\boldsymbol{h}_1^{\mathrm{T}}\boldsymbol{h}_1 \\ \vdots \\ \boldsymbol{h}_n^{\mathrm{T}}\boldsymbol{h}_n\end{bmatrix}\right) \\
&=-\frac{1}{2}\hat{\alpha}\,[\boldsymbol{s}_1 \quad \cdots \quad \boldsymbol{s}_n]\begin{bmatrix}\boldsymbol{s}_1 & \boldsymbol{h}_1^{\mathrm{T}} & \boldsymbol{h}_1 \\ \vdots & \vdots & \vdots \\ \boldsymbol{s}_n & \boldsymbol{h}_n^{\mathrm{T}} & \boldsymbol{h}_n\end{bmatrix} \\
&=-\frac{1}{2}\hat{\alpha}(\boldsymbol{s}_1^2\|\boldsymbol{h}_1\|^2+\cdots+\boldsymbol{s}_n^2\|\boldsymbol{h}_n\|^2) \\
&=-\frac{1}{2}\hat{\alpha}\sum_{i=1}^{n}\boldsymbol{s}_i^2\|\boldsymbol{h}_i\|^2
\end{aligned}
\tag{5-39}
$$

其中，n 为机器人各关节的个数，于是

$$
\begin{aligned}
\dot{L}&\leqslant-\frac{1}{2}\hat{\alpha}\sum_{i=1}^{n}\boldsymbol{s}_i^2\|\boldsymbol{h}_i\|^2+\frac{1}{2}\alpha\sum_{i=1}^{n}\boldsymbol{s}_i^2\boldsymbol{h}_i^{\mathrm{T}}\boldsymbol{h}_i+\frac{n}{2}+\frac{1}{\gamma}\tilde{\alpha}\dot{\hat{\alpha}}-\boldsymbol{s}^{\mathrm{T}}\boldsymbol{K}_v\boldsymbol{s} \\
&=-\frac{1}{2}\tilde{\alpha}\sum_{i=1}^{n}\boldsymbol{s}_i^2\|\boldsymbol{h}_i\|^2+\frac{n}{2}+\frac{1}{\gamma}\tilde{\alpha}\dot{\hat{\alpha}}-\boldsymbol{s}^{\mathrm{T}}\boldsymbol{K}_v\boldsymbol{s} \\
&=\tilde{\alpha}\left(-\frac{1}{2}\sum_{i=1}^{n}\boldsymbol{s}_i^2\|\boldsymbol{h}_i\|^2+\frac{1}{\gamma}\dot{\hat{\alpha}}\right)+\frac{n}{2}-\boldsymbol{s}^{\mathrm{T}}\boldsymbol{K}_v\boldsymbol{s}
\end{aligned}
\tag{5-40}
$$

设计自适应律为

$$
\dot{\hat{\alpha}}=\frac{\gamma}{2}\sum_{i=1}^{n}\boldsymbol{s}_i^2\|\boldsymbol{h}_i\|^2
\tag{5-41}
$$

则 $\dot{L}\leqslant\frac{n}{2}-\boldsymbol{s}^{\mathrm{T}}\boldsymbol{K}_v\boldsymbol{s}$，为了保证 $\dot{L}\leqslant 0$，只需保证 $\frac{n}{2}\leqslant\boldsymbol{s}^{\mathrm{T}}\boldsymbol{K}_v\boldsymbol{s}$，则收敛结果为

$$\|\boldsymbol{s}\|\leqslant\sqrt{\frac{n}{2\boldsymbol{K}_v}} \tag{5-42}$$

5.2.5 仿真分析

将上肢康复机器人的结构按照 D-H 齐次变换矩阵表示法进行简化，如图 5.9 所示。上肢康复机器人的 D-H 模型参数如表 5.3 所示。其中 $L_1=1188\text{mm}$，$L_2=605\text{mm}$，$L_3=255\text{mm}$，$L_4=183\text{mm}$，$L_5=110\text{mm}$，$L_6=255\text{mm}$。将三维数模导入 Adams 仿真软件中，得到各连杆的主惯性矩和质量信息，如表 5.4 和表 5.5 所示，确定了上肢康复机器人的动力学模型。

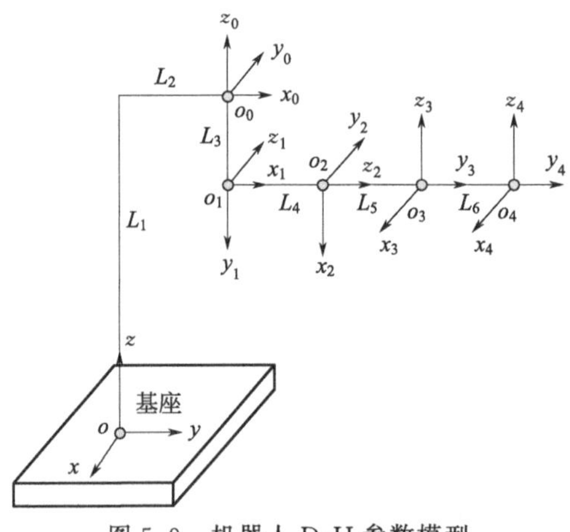

图 5.9 机器人 D-H 参数模型

表 5.3 机器人 D-H 参数

连杆 i	$\theta/(°)$	$\alpha/(°)$	a/mm	d/mm	$\cos\alpha$	$\sin\alpha$
1	θ_1	−90	0	$-L_3$	0	−1
2	θ_2	90	L_4	0	0	1
3	θ_3	−90	0	L_5	0	−1
4	θ_4	0	L_6	0	1	0

表 5.4 各连杆的主惯性矩

连杆 i	$I_{xx}/\text{kg}\cdot\text{mm}^2$	$I_{yy}/\text{kg}\cdot\text{mm}^2$	$I_{zz}/\text{kg}\cdot\text{mm}^2$
1	1.01432×10^5	9.01066×10^4	1.71380×10^4

续表

连杆 i	I_{xx}/kg·mm^2	I_{yy}/kg·mm^2	I_{zz}/kg·mm^2
2	3.29297×10^4	3.12334×10^4	2.94260×10^3
3	7.56085×10^3	4.94451×10^3	3.26379×10^3
4	3.29754×10^3	2.54612×10^3	1.28463×10^3

表 5.5　质心位置和质量

连杆 i	质心位置/mm	质量/kg
1	[162.083,−35.122,−180.471]	5.23
2	[190.703,190.903,−308.783]	2.146
3	[45.363,255.447,−314.387]	1.449
4	[42.176,385.228,−317.432]	0.537

进行被动康复训练时，需要对患者给定合理的康复训练轨迹。通常对患者健康一侧的上肢运动轨迹进行提取，再进行镜像处理，得到适合该患者的康复训练轨迹。如果患者残疾等级较高，由体型和手臂长度相近的康复医师代替患者完成轨迹采集。本节采用 Qualisys 三维运动捕捉分析系统对人体上肢的运动轨迹进行采集。如图 5.10 所示，分别在人体的小臂、肘关节、大臂和肩关节安装带有特殊反光材料的标记点，在躯体上安装三个标记点，建立人体的局部坐标系。如图 5.11 所示，通过 Qualisys 软件对标记点的运动情况进行实时捕捉，捕捉的精度为 0.1mm。受试者在 10s 内完成用右手反复触摸左肩的动作，这个动作可以让四个关节都积极参与，将三维动作捕捉系统采集到的各关节角数据导出至 Matlab 软件进行中值平滑处理，其中四个关节的期望轨迹如图 5.12 所示。其中，关节 1～4 分别为肩关节内收/外展、肩关节屈/伸、肩关节旋内/旋外和肘关节屈/伸。

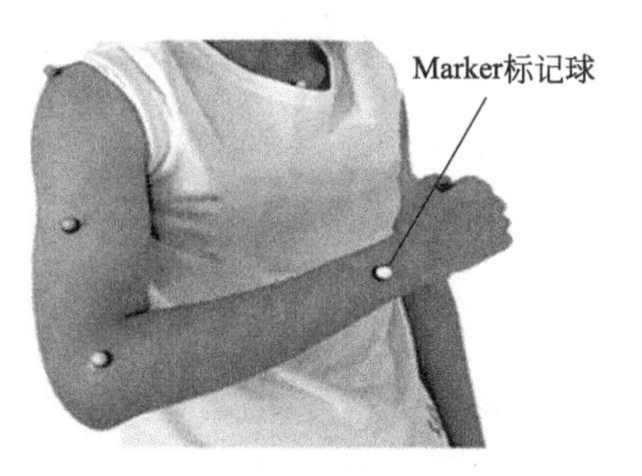

图 5.10　反光材料的标记点

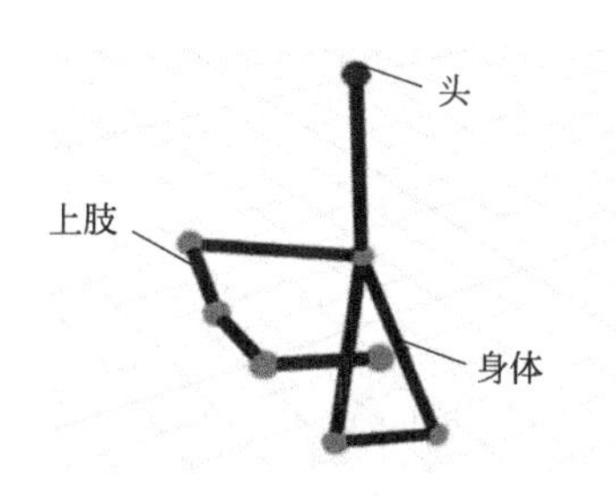

图 5.11　捕捉到的标记点

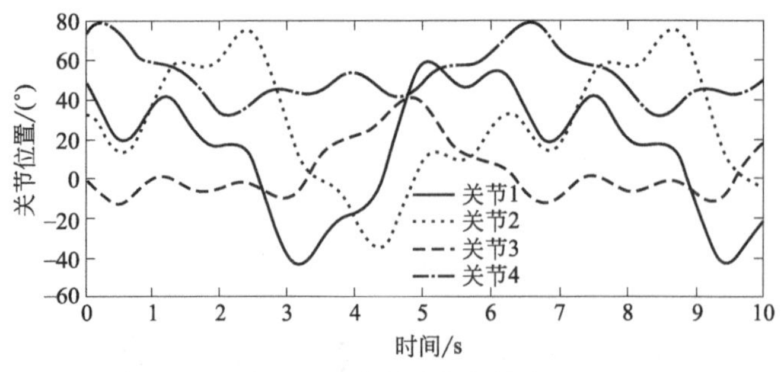

图 5.12　关节的期望轨迹

图 5.13 为上肢康复机器人各关节的轨迹跟踪曲线，其中实线为期望的康复训练轨迹，虚线为 RBF 神经网络滑模控制（RBFNN-SMC）算法的轨迹跟踪曲线，点画线为传统滑模控制（CSMC）算法的轨迹跟踪曲线。

图 5.14 为上肢康复机器人各个关节的速度跟踪曲线。可以看出在轨迹和速度的跟踪上，本章设计的控制算法都要优于传统的滑模控制，可以更快地逼近期望曲线。本章设计的算法在肩关节内收/外展的最大误差为 1.32°，肩关节屈/伸的最大误差为 1.17°，肩关节旋内/旋外的最大误差为 0.67°，肘关节屈/伸的最

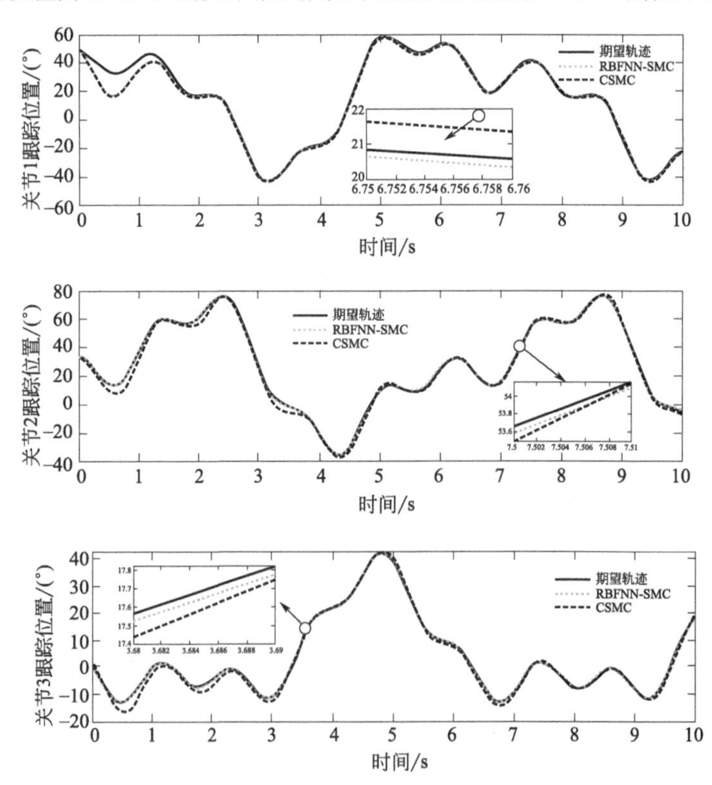

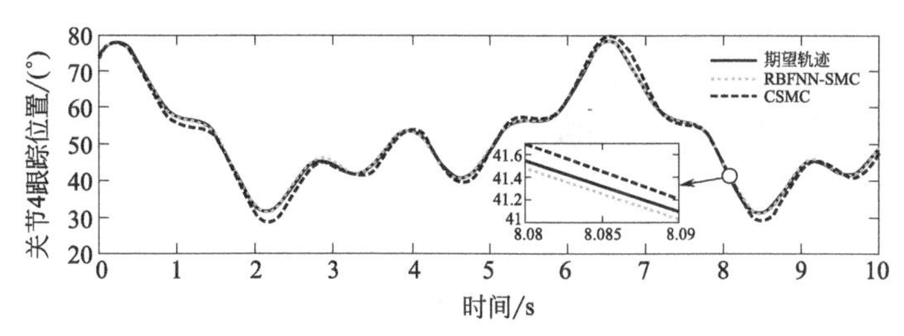

图 5.13　各关节的轨迹跟踪曲线

大误差为 0.38°，满足上肢康复训练的控制要求，可以保证患者的安全性。

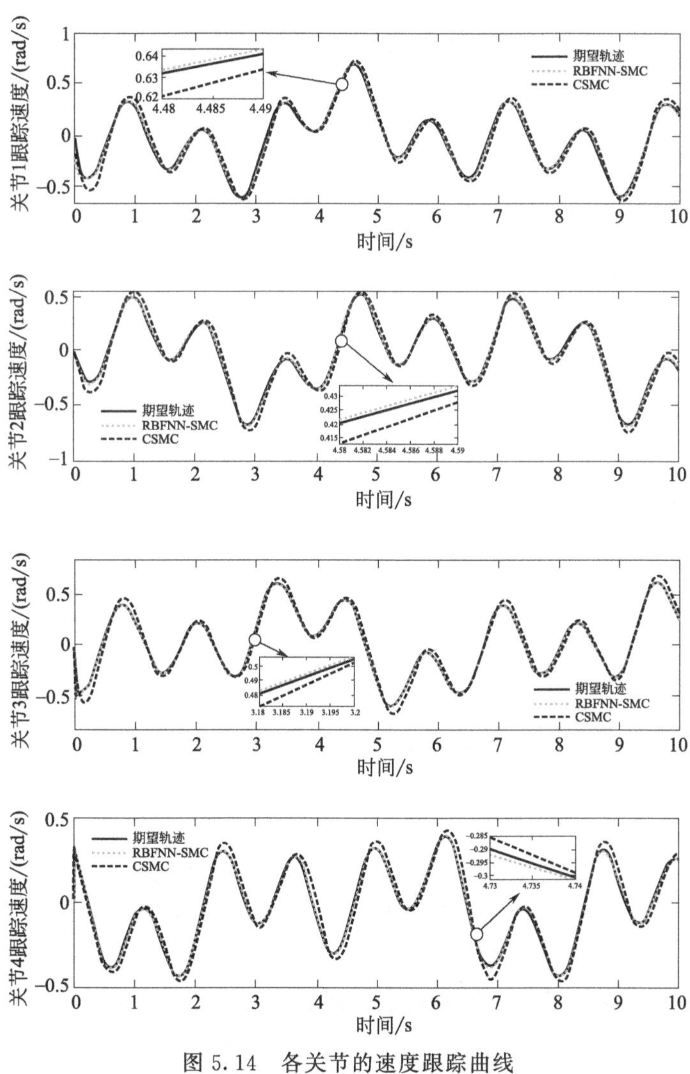

图 5.14　各关节的速度跟踪曲线

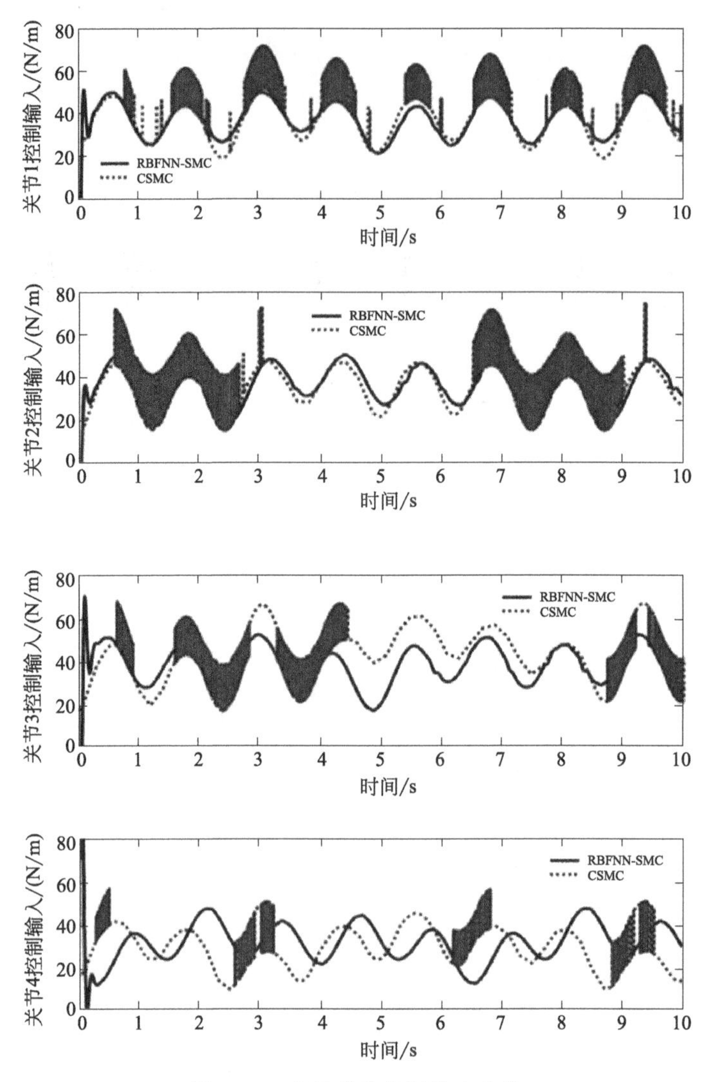

图 5.15　各关节的控制输入曲线

图 5.15 为上肢康复机器人各个关节的控制输入曲线，其中实线为 RBF 神经网络滑模控制算法的控制输入，虚线为传统滑模控制算法的控制输入。可以看出传统滑模控制的输入波动非常明显，虽然可以达到跟踪精度的要求，但是加大了对电机的损耗。本节设计的控制算法输入平滑，通过神经网络良好的逼近特性，对抖振进行了有效的抑制，保证了患者的安全性和舒适性，同时证明了本节设计的控制器的有效性。

5.3 本章小结

本章首先针对偏瘫患者的被动康复训练轨迹跟踪问题，利用单隐层的前馈神经网络，提出了一种基于 RBF 神经网络迭代学习方法，用以提高系统的跟踪性能，加速轨迹跟踪误差的收敛速度。其次针对软瘫期和痉挛期偏瘫患者进行康复训练时，患者会不受控地产生肌肉痉挛，机器人系统产生抖动的问题，提出了一种基于 RBF 网络参数的滑模控制方法，采用单个参数来代替神经网络的权值，实现了基于单参数估计的自适应控制，利用神经网络自适应地逼近系统不确定性的未知上界，达到传统滑模控制对系统未知上界的要求，解决了传统滑模控制的抖振问题，提高了系统的稳定性。最后为了进一步提高患者的安全性和康复训练的有效性，将三维动作捕捉系统与 sEMG 信号相结合，建立适用于痉挛期患者的上肢骨骼肌肉模型，规划了最适合患者的训练轨迹，保证了康复训练的高效性和安全性。

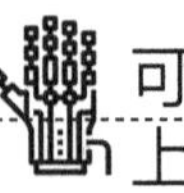

第6章

上肢康复机器人样机研制及实验研究

基于前面的上肢康复机器人关键技术理论分析与虚拟样机模型设计，本章搭建可穿戴式上肢康复机器人系统，并基于 Qualisys 运动捕捉系统外部实时测量实验平台，完成上肢康复机器人腕关节自主运动和穿戴后生理运动空间实验。基于可穿戴式上肢康复机器人系统完成了被动康复训练、主动康复训练以及示教学习实验，设计了 5 种康复训练动作，表明研究的可穿戴式上肢康复机器人可以实现上肢关节的主动、被动和示教康复训练，满足患者不同康复阶段患者的康复训练需求。偏瘫患者在上肢运动康复中，根据所处康复阶段的不同，选择最优康复训练路径，综合实验性能指标验证所提出的理论和方法的正确性。

6.1 上肢康复机器人系统搭建及测试实验

上肢康复机器人控制系统通过上位机来控制机器人实现对偏瘫患肢的连续被动或者主动康复训练，上肢康复机器人系统能够实现单关节独立运动以及多关节联动两种康复运动训练模式。控制系统整体框图如图 6.1 所示。控制系统的下位机以运动控制卡和数据采集卡为核心，运动控制卡完成康复机器人各关节的运动控制，信息采集卡完成三维陀螺仪、运动加速度等传感器的数据采集。上位机可对康复运动训练模式进行选择及对机器人各个关节运动参数进行设置，最后将设置的相关运动参数传送给运动控制卡；各功能传感器采集到的数据将传送给数据采集卡。经运算，数据采集卡将采集到的数据转化为康复机

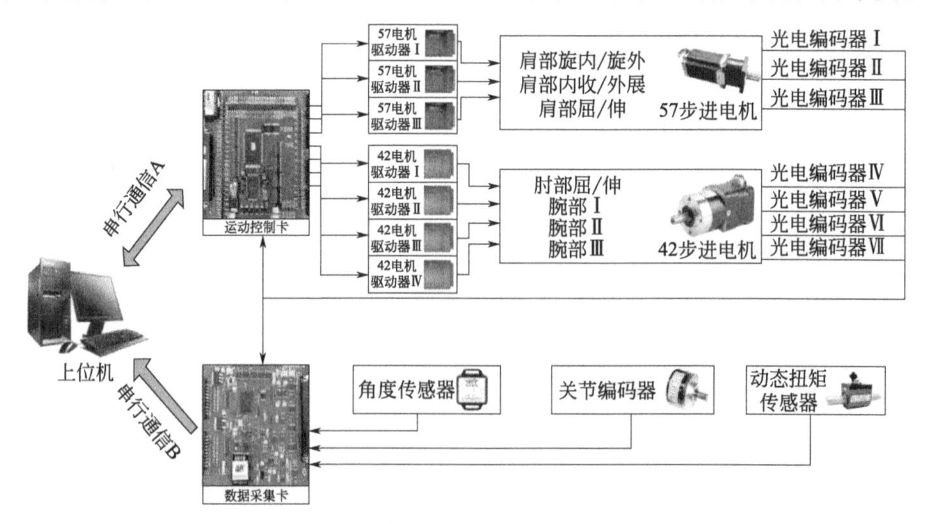

图 6.1　康复机器人控制系统框图

器人的运动参数，后传递给运动控制卡，最终转化为电机转动信息，并分别输出至各关节电机的驱动器。系统配有手持急停按钮，如果患者出现不适情况时可进行紧急制动，保证患者安全。

为了实现可穿戴上肢康复机器人的精准控制，减小电机实际输出扭矩与理论扭矩之间的误差，让患者达到最佳的康复效果，依据可穿戴式上肢康复机器人输出扭矩的动力学分析结果，在力矩需求较大的肩关节屈/伸运动的驱动电机上以及肘关节屈/伸运动的驱动电机上安装了动态扭矩传感器。动态扭矩传感器通过数据采集卡将信息传递至电脑，将理论扭矩与测量扭矩的差值输入PID 控制器，进而对电机的扭矩进行实时调整，达到最优的控制。

在设计可穿戴式上肢康复机器人控制系统时，需充分考虑控制系统的稳定性和患者康复训练的安全性。为了防止可穿戴式上肢康复机器人电机输出过大扭矩对患者肢体造成二次伤害，通过电流来检测系统中的电路，将电机驱动器输出的电流实时反馈给运动控制卡，运行过程中一旦检测到系统中的电流超过系统设置的允许值，机器立即停机。同时为康复机构安装一键急停按钮，当患者在康复训练过程中出现不适的状况，可立即停止系统。同时采用陀螺仪、线速度传感器等检测电机的实时位置、实时速度和加速度，避免机构中由于关节转动角度过大、运行速度过快而对康复训练造成不良的影响。

图 6.2 为测试者穿戴样机以及控制系统实物图。在实验过程中，可穿戴式上肢康复机器人各关节每个自由度的测试时间均设定为 25s，运动范围均从机

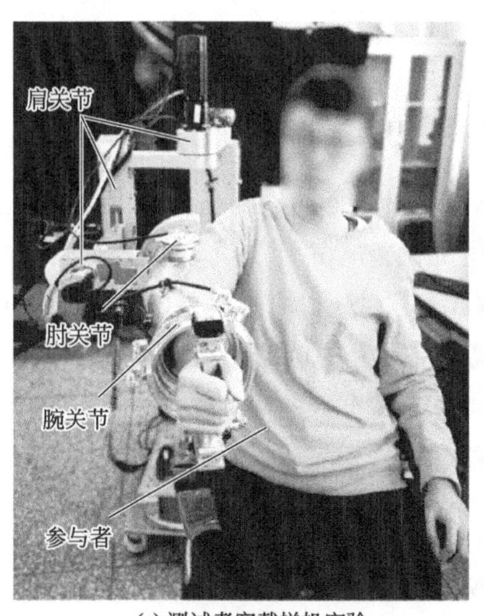

(a) 测试者穿戴样机实验

(b) 控制系统实物图

图 6.2　康复机器人测试与控制系统图

器人的初始位置运动到极限位置，系统测试的采样周期为 1s。测试结果如图 6.3 所示，分别是上肢在水平、垂直、旋转以及肘关节屈伸位置的实验曲线，实线为仿真结果，虚线为测试结果。

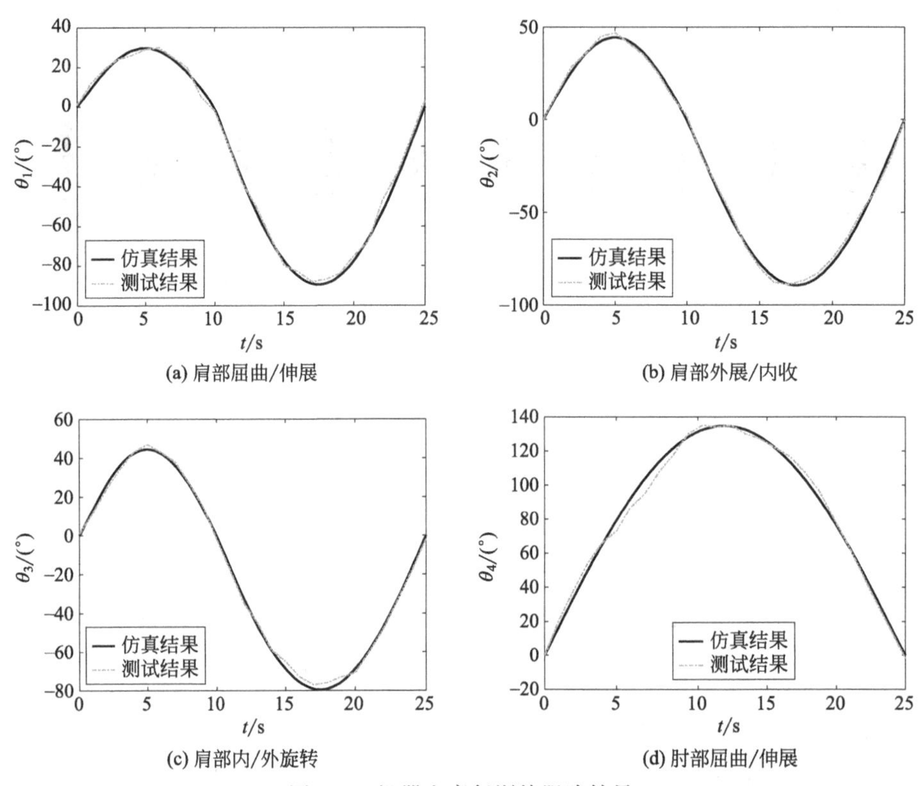

图 6.3 机器人康复训练跟踪结果

由图 6.3 可知，机器人在运动时各关节的实际角度与仿真角度均有一定的偏差，主要原因是机械结构本身摩擦产生的误差，并且受试者也会对康复机器人施加一定的阻抗。由图 6.3(b) 可以看出肘关节屈/伸的误差相对较大，是因为这部分采用绳索进行驱动并且绳索需要承受较大的负载，增大了绳索本身的弹性收缩带来的误差，但是这些误差并不影响康复机器人的训练特性。样机实验的测试结果与仿真结果相符，达到了预期设计要求，能够完成上肢的康复训练要求。

6.2 腕关节运动能力实验

为了更好地评估腕关节并联机构人机运动空间的适应性，通过搭建实验平台来测量腕关节自主运动和穿戴后的生理运动空间。实验的三维运动学数据由Qualisys光学式动作捕捉系统进行采集。动作捕捉系统利用高速摄像机精确捕捉粘贴在人体上的标记点，通过软件分析和计算出点、线、面之间的关系，得出标记点的坐标值和关节活动的角度值，理论测量精度为0.1mm。实验中共提取6名健康人员的参数，各项身体参数如表6.1所示。其中男性平均年龄26岁，平均身高179.7cm，平均体重73.7kg；女性平均年龄23岁，平均身高162cm，平均体重50.7kg。由于机构不具备腕关节绕小臂轴线的转动自由度，为了保证实验数据采集与机构的一致性，在实验过程中，将参与者小臂两侧通过两片铝板进行固定，限制尺骨与桡骨之间的相对运动，保证在数据采集过程中参与者腕关节的旋前/旋后自由度不参与运动，只采集腕关节外展/内收和屈/伸两自由度的运动数据。测量过程包括腕关节屈/伸、桡偏/尺偏和边界椭圆运动。当手腕试图沿着最大边界旋转，手轻轻地画出一个椭圆时，就会发生边界椭圆运动。参与者最大范围地移动手腕去完成运动任务，并完成3个运动周期，每次最低时长为10s，之后进行1min的休息（每次运动总时间为2～3min）。在测量实验中，利用QTM软件对红外摄像机采集到的三维数据进行预处理并保存，通过对保存的数据进行分析，得到腕关节自主的生理运动空间。

表6.1　参与者身体参数表

身体参数	参与者序号					
	(1)	(2)	(3)	(4)	(5)	(6)
性别	男	男	男	女	女	女
年龄/岁	24	26	28	22	24	23
身高/cm	187	177	175	165	158	163
体重/kg	73	80	68	49	47	56

受试者进行实验的场景如图6.4所示。为了保证实验数据的准确性，实验中的标记点M（直径10mm的反光球）需要按照相同的标准安放在参与者的对应部位。

① 参与者做腕部屈曲运动，在腕关节凸出位置安装M_1，进而在M_1相隔90°的左右两侧确定M_2和M_3的位置；

② 在参与者第2掌骨远端和第5掌骨远端的位置安装M_4和M_5，在手背中心安装M_6；

③ 在距离M_1 10cm位置安装小臂固定架，在初始状态下保证固定架上M_7与M_1M_6共线，进而确定M_8～M_{11}。

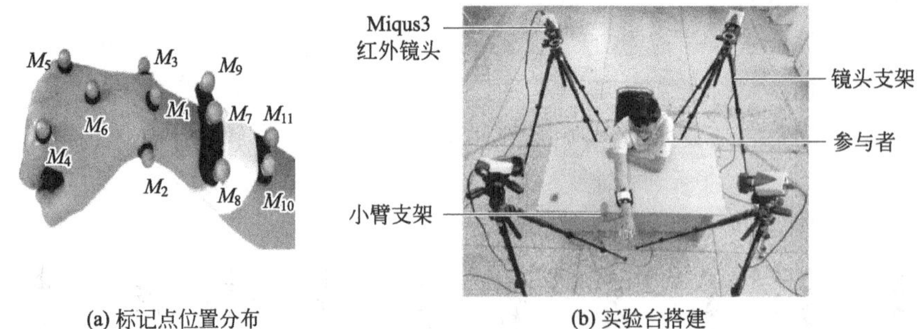

(a) 标记点位置分布　　(b) 实验台搭建

图 6.4　生理运动空间测量实验

测量得到的腕部运动角度如图 6.5 所示，其中虚线表示参与者运动时记录的测量数据，实线为利用高斯混合模型方法对测量数据进行处理后的特征曲线。$\alpha_{R/U}$ 表示腕部做尺偏/桡偏动作时的角度，正方向代表桡偏角度，负方向代表尺偏角度；$\gamma_{F/E}$ 表示腕部做屈/伸动作时的角度，正方向代表伸展角度，负方向代表屈曲角度。单轴运动时，屈/伸运动角度几乎相同，而尺侧偏转角度明显大于桡侧偏转角度，并在单轴运动时会伴随另一自由度方向上的运动，尤其在做屈/伸运动时较为明显。当手腕试图沿着最大边界旋转，手轻轻地画出一个椭圆时，就会发生边界椭圆运动。该运动在尺偏方向占比较大，手腕右上区为不敏感区。

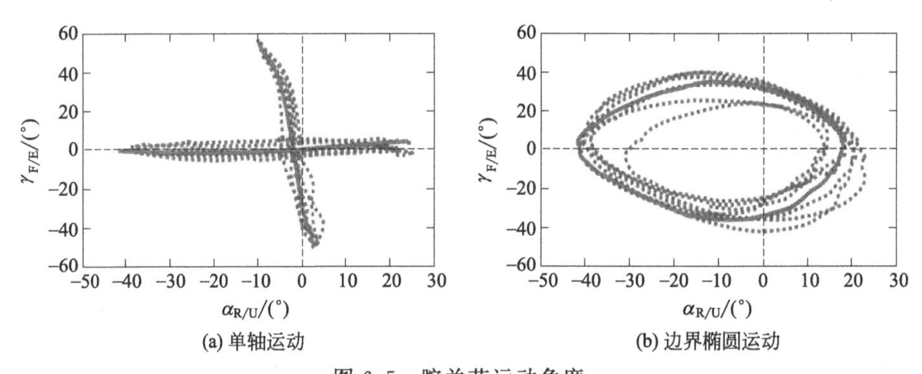

(a) 单轴运动　　(b) 边界椭圆运动

图 6.5　腕关节运动角度

为了更直观地展示腕关节运动空间，进一步提取了标记点 M_6 的空间坐标数据，图 6.6 给出了参与者做屈/伸运动［图（a）中实线］、尺偏/桡偏运动［图（a）中虚线］和边界椭圆运动［图（b）中实线］的平均值。

从图 6.6 可以看出，单轴运动的工作区间略大于边界椭圆运动的工作空间，但在日常生活中，腕关节运动不会超出边界椭圆运动的工作空间。

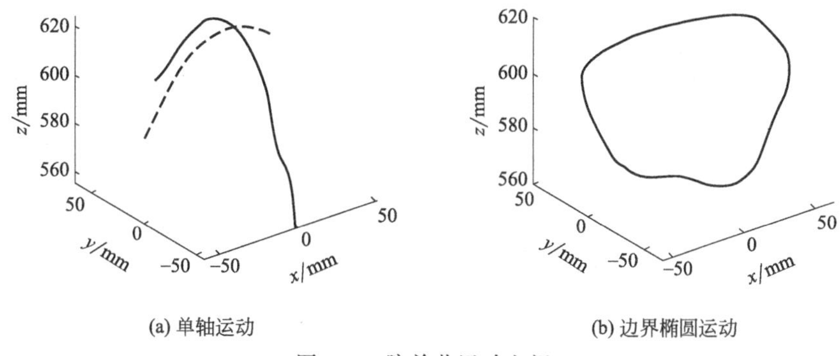

(a) 单轴运动　　(b) 边界椭圆运动

图 6.6　腕关节运动空间

柔性并联腕部康复机构的有效工作空间是考虑零件尺寸和干扰的可达工作空间，对临床治疗有较高的价值。本书编写了自主运动的测量程序，控制动平台的旋转角度 δ_h 和 δ_v 逐渐增大至极限角度，让一名平均体型的男性参与者佩戴，在确保手腕和手的安全性和穿戴舒适性前提下，每隔 1s 记录一次动平台的空间坐标，从而获取机构的有效工作空间，机构有效工作空间测量实验如图 6.7 所示。

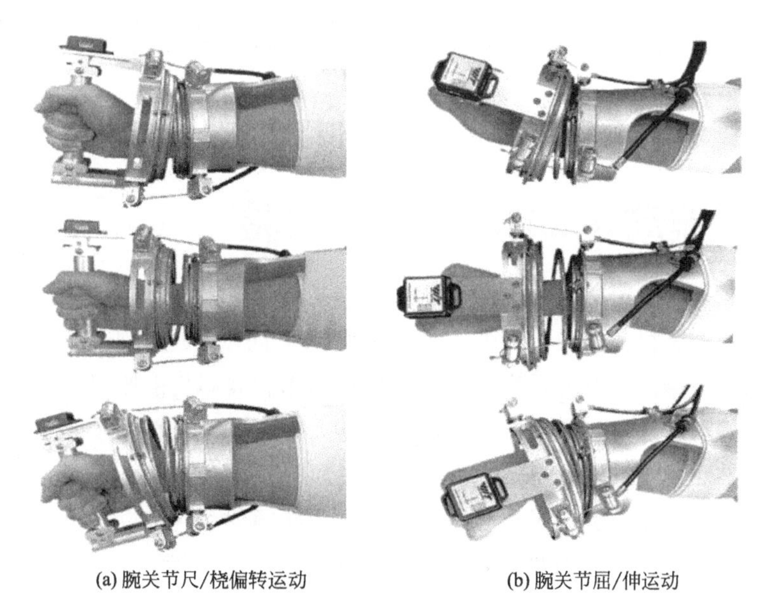

(a) 腕关节尺/桡偏转运动　　(b) 腕关节屈/伸运动

图 6.7　机构有效工作空间测量实验

绳索只能承受拉力而不能施加压力，绳索对物体的约束力只能沿绳索拉直的方向。本节忽略机构所受的任何外部力和力矩，通过 Matlab 软件求得三根绳索始终处于张紧状态下的动平台中心点的集合，并绘制并联机构的理论工作

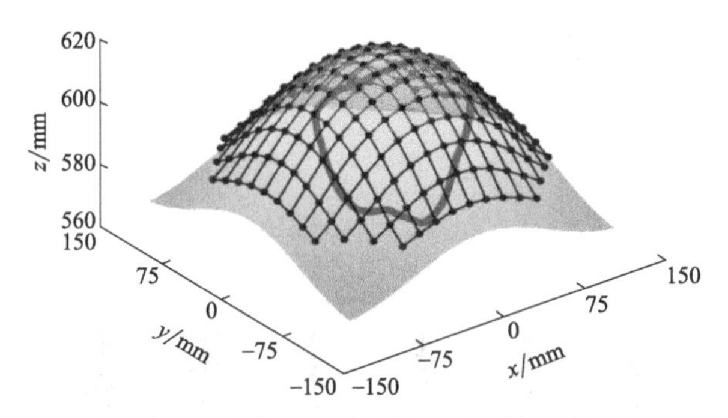

图 6.8　机构的理论工作空间和有效工作空间

空间（曲面）如图 6.8 所示。并联机构的工作空间为抛物面形状，由于物理结构、体积和机械元件的干扰，并联机构的有效工作空间（网格曲面）小于理论工作空间。并联机构的理论工作空间和有效工作空间均可以覆盖参与者做边界椭圆运动时的工作空间（曲线），手柄可以驱动手腕到达想去的位置，满足腕部康复要求。

6.3　基于最优训练路径的上肢康复机器人实验研究

6.3.1　被动运动康复训练实验

可穿戴式上肢康复机器人的康复训练模式均是患者与康复机器人的交互过程，不同的训练模式对康复机器人的功能需求不同，相应的研究内容也不同。进行被动运动康复训练时，康复机器人机构与患者肢体均需按照机器人预设的运动轨迹进行康复。康复训练时，康复机器人不需要记录患者肢体的相关运动信息，对被动运动康复训练效果的评价通过康复机器人与患者之间的交互力来实现。被动运动康复训练是患者依据机器人不同的运动轨迹以及机器人各关节的移动速度来提高患者肢体运动功能的康复速度。在被动运动康复训练模式下，康复机器人应有足够的驱动力来驱动机器人带动患肢进行预定的康复训练动作，并采集和记录康复训练过程中的交互数据。为了验证在被动运动康复训练模式下，所设计的可穿戴式上肢康复机器人机构和控制的有效性，患者肢体运动能够完全由康复机器人带动并在既定的平面内完成特定的康复训练任务。本节针对可穿戴式上肢康复机器人的被动运动康复训练，测试者通过完成摸左肩、摸头、摸嘴、摸右耳以及提水 5 种动作来测试康复机器人各关节角度变化，为患者康复训练时最优康复训练路径的选择提供依据，患者可根据肢体运动功能的不同来选择不同的康复训练路径。

实验前，首先运行康复机器人开机自检程序，测试康复机器人能够从任意姿态下缓慢运动到机器人零点位姿，测试过程中，检查康复机器人单关节是否能够实现在人体运动角度的限位范围内带动人体上肢进行运动，多个关节的联动是否能够正常运行、是否发生干涉等，保证测试者的安全。实验过程中，被动模式下测试者穿戴好后，完全由机器人来带动人体上肢进行运动。被动模式下 5 种实验测试如图 6.9 所示。

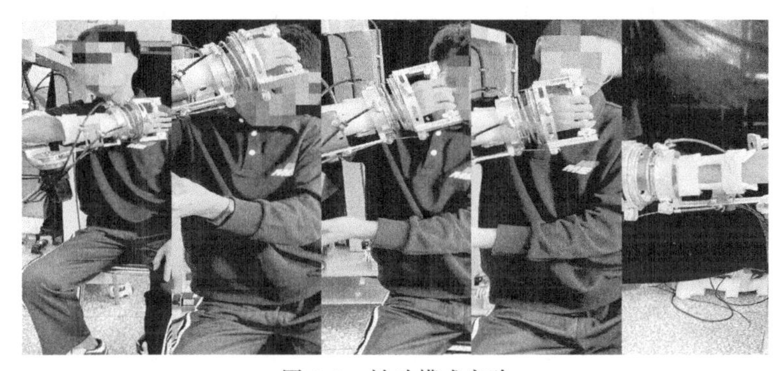

图 6.9　被动模式实验

通过测试者完成的 5 种特定动作，提取 5 组实验中肩关节屈/伸、外展/内收、旋内/旋外，以及肘关节屈/伸的关节角度变化的数值，得到图 6.10 摸左肩时各关节角度的变化曲线，图 6.11 摸头时各关节角度的变化曲线，图 6.12 摸嘴时各关节角度的变化曲线，图 6.13 摸右耳时各关节角度的变化曲线以及图 6.14 提水时各关节角度的变化曲线。其中 5 种特定动作变化曲线中，图 (a)～(d) 分别为肩关节屈/伸、外展/内收、旋内/旋外和肘关节屈/伸曲线图。通过各关节的变化曲线可以看出，所设计的外骨骼式上肢康复机器人均按照预期设定的轨迹进行运动，测试者在测试过程中未感到不适，不存在对人体的干涉。验证了被动模式下康复机器人机构设计的合理性以及控制系统设计的可行性。

观察以上 5 种特定动作变化曲线可发现，肩关节以及肘关节的驱动关节角轨迹曲线运行平稳，未发生突变，说明该装置在被动模式下能够很好地复现人体上肢运动的协同特性并做到快速响应和实时跟随，表明被动训练模式下的上肢康复训练机器人符合康复设计要求。患者可根据 5 组上肢运动动作，在被动运动康复训练模式下，根据不同康复阶段选择适合患者自身的最优康复训练路径。

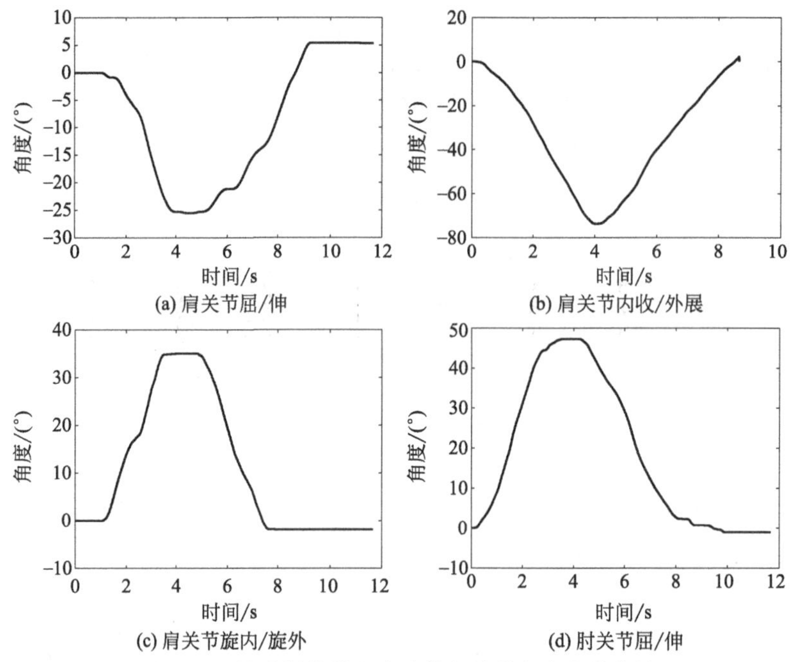

图 6.10　被动训练摸左肩动作各关节角度变化曲线

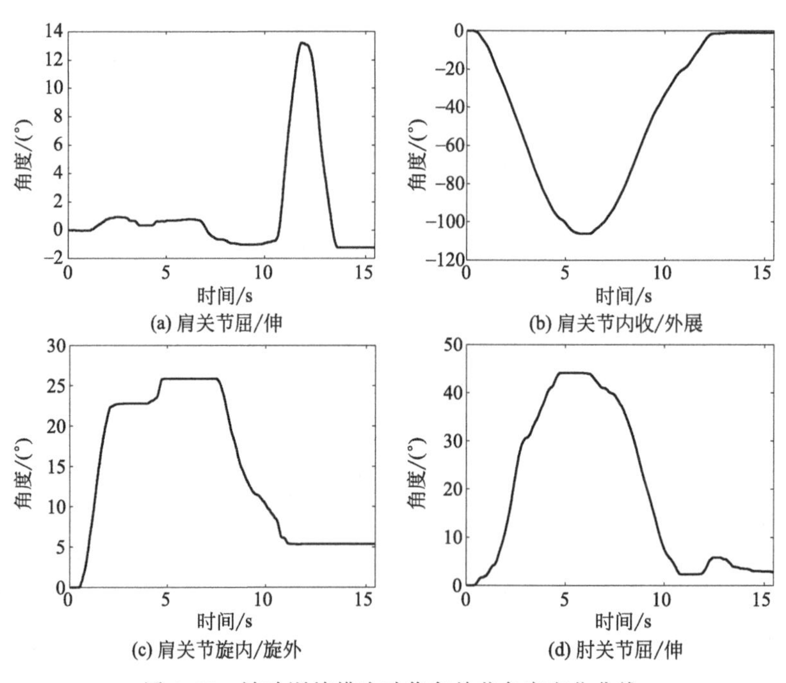

图 6.11　被动训练摸头动作各关节角度变化曲线

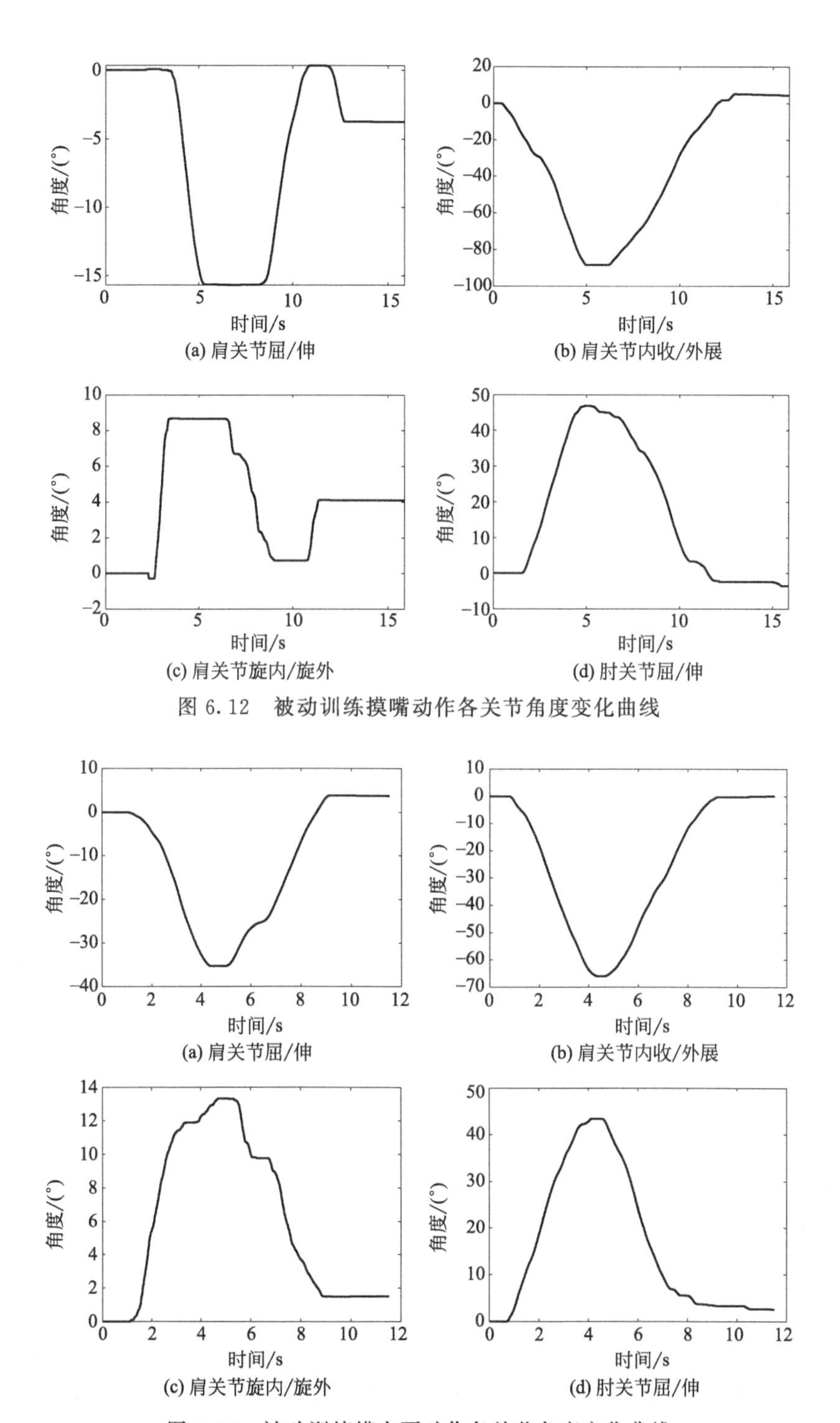

图 6.12 被动训练摸嘴动作各关节角度变化曲线

图 6.13 被动训练摸右耳动作各关节角度变化曲线

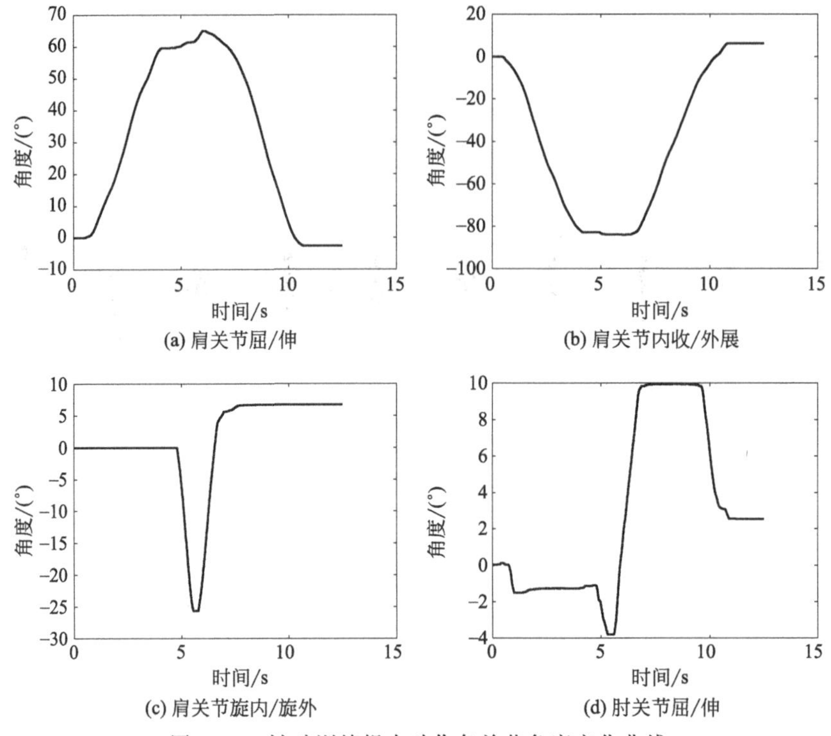

图 6.14　被动训练提水动作各关节角度变化曲线

6.3.2 主动运动康复训练实验

主动运动康复训练模式是患者驱动康复机器人来进行运动，其目的是通过让患者主动运动提高患肢肌力。在该训练模式下，由患者来牵引康复机器人完成所期望的康复训练任务，康复机器人只提供完成康复动作的最小助力，以辅助患者主动进行肢体的肌肉收缩完成相关的康复动作，或者克服康复机器人提供的阻力来完成相关康复动作。实验过程中，测试者也需完成被动运动康复训练时 5 种训练动作，主动运动康复训练测试如图 6.15 所示。

本实验设计 5 种康复训练动作，康复机器人控制系统均采用双闭环控制，控制系统内环对应的是机器人肩关节和肘关节的速度环，外环对应的是机器人末端手柄，控制频率设置为 20Hz。5 种动作中以主动摸嘴实验为例，在上肢关节处设定 4 个主动施力点的位置，如图 6.16 所示，每间隔 5s 施加一次运动意图，最后，通过六维力传感器测量得到手部力旋量曲线，如图 6.17 所示。

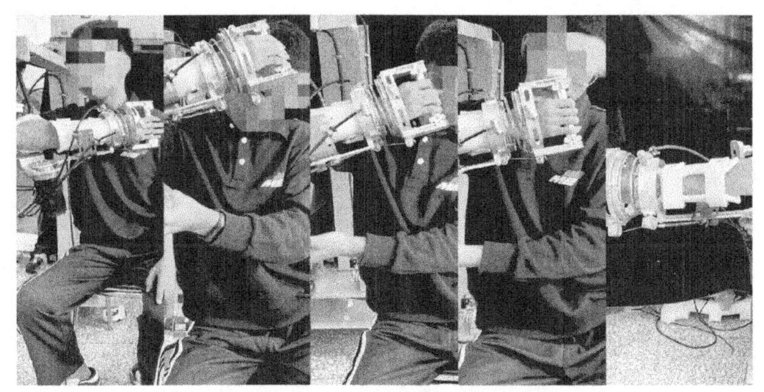

图 6.15 主动运动康复训练测试实验

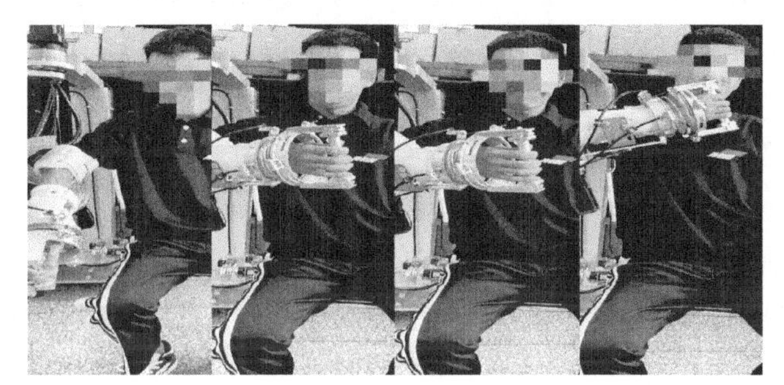

图 6.16 主动摸嘴实验中的施力点位置

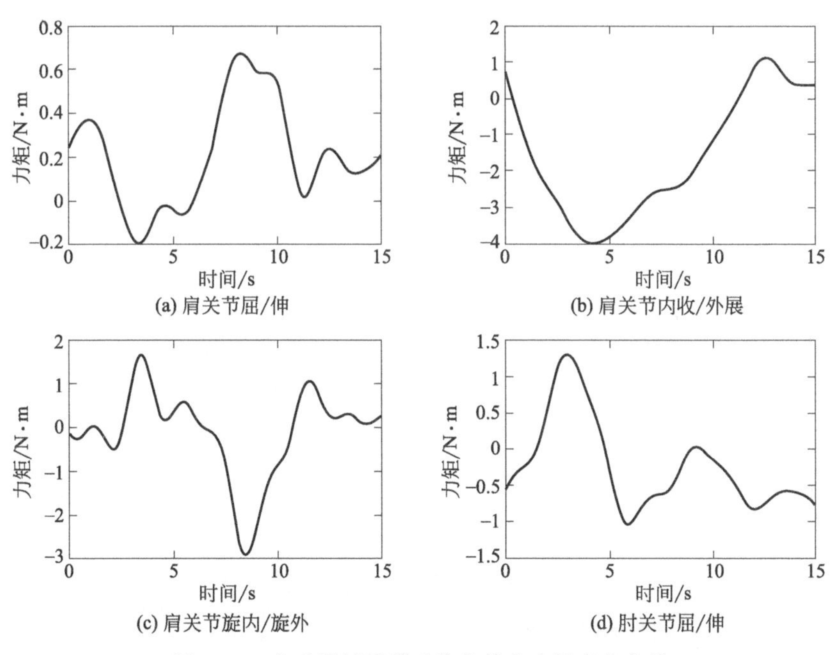

图 6.17 主动训练摸嘴动作各关节力矩变化曲线

从图6.17摸嘴动作各关节力矩变化曲线可以看出，每个测力点处的传感器均检测到了明显的力变化，并做到快速响应。肩关节以及肘关节力矩变化曲线平滑，无明显突变，系统噪声及抖动较小，所设计的外骨骼式上肢康复机器人能够实现较精准的力矩控制，能够辅助患者完成不同的康复训练动作。

为了进一步验证所设计的外骨骼式上肢康复机器人结构的合理性，在主动运动康复训练过程中，通过编码器测量得到肩关节以及肘关节的关节角度，测试在主动运动模式下测试者与机器人之间轨迹跟踪情况，得到图6.18摸左肩时各关节角度的变化曲线，图6.19摸头时各关节角度的变化曲线，图6.20摸嘴时各关节角度的变化曲线，图6.21摸右耳时各关节角度的变化曲线以及图6.22提水时各关节角度的变化曲线。其中5种特定动作变化曲线中，图(a)～(d) 分别为肩关节屈/伸、外展/内收、旋内/旋外及肘关节屈/伸曲线图。通过曲线变化可以看出，所设计的外骨骼式上肢康复机器人均按照预期设定的轨迹运动，测试者在测试过程中未感到不适，不存在对人体的干涉。验证了主动运动康复训练模式下外骨骼式上肢康复机器人结构设计的合理性以及控制系统设计的可行性。

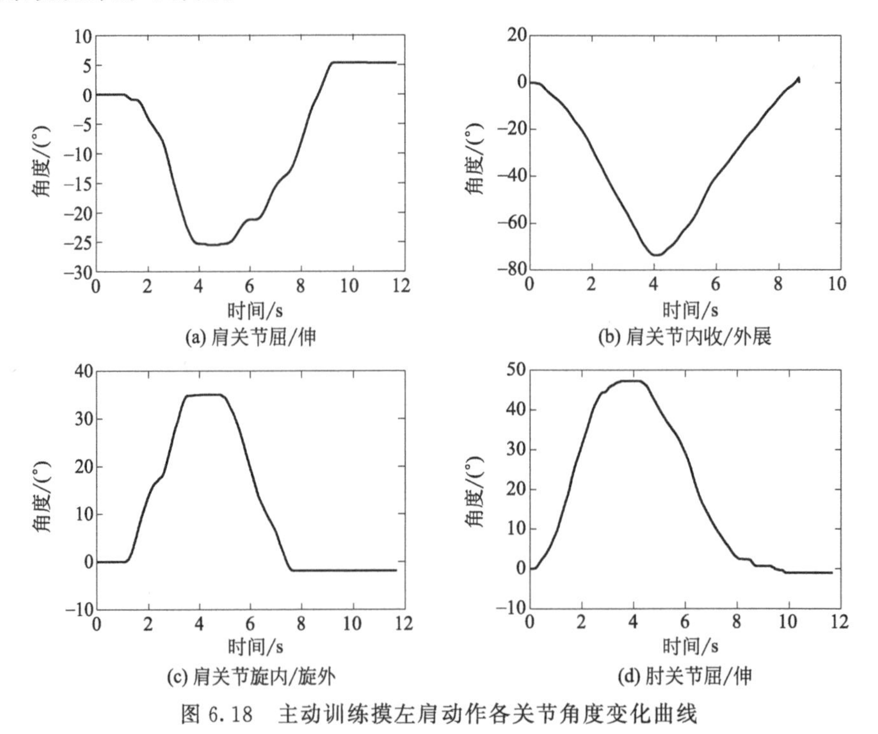

图6.18 主动训练摸左肩动作各关节角度变化曲线

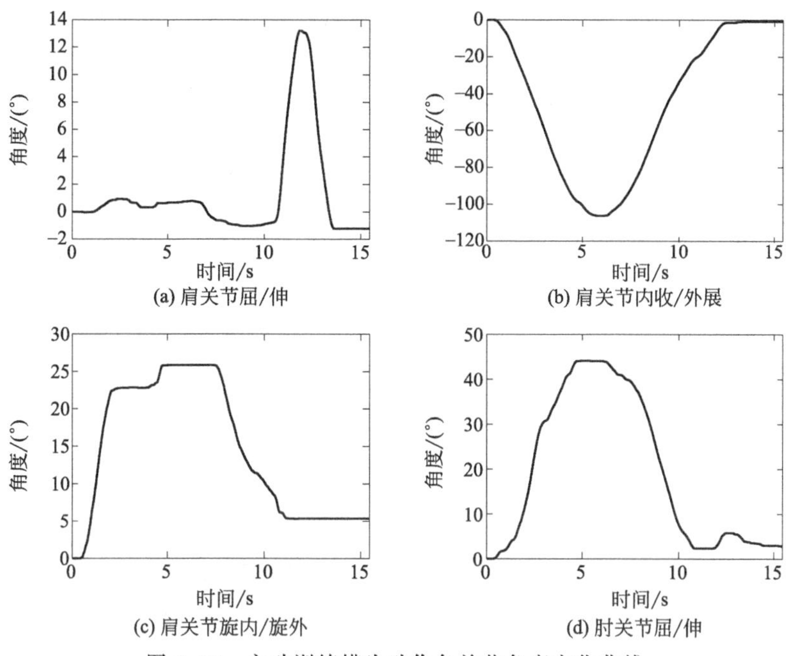

图 6.19　主动训练摸头动作各关节角度变化曲线

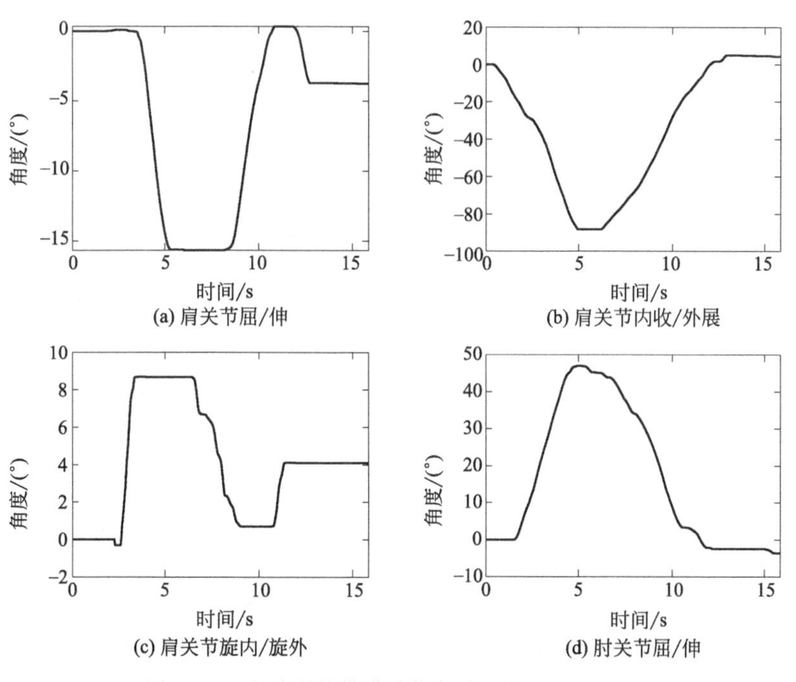

图 6.20　主动训练摸嘴动作各关节角度变化曲线

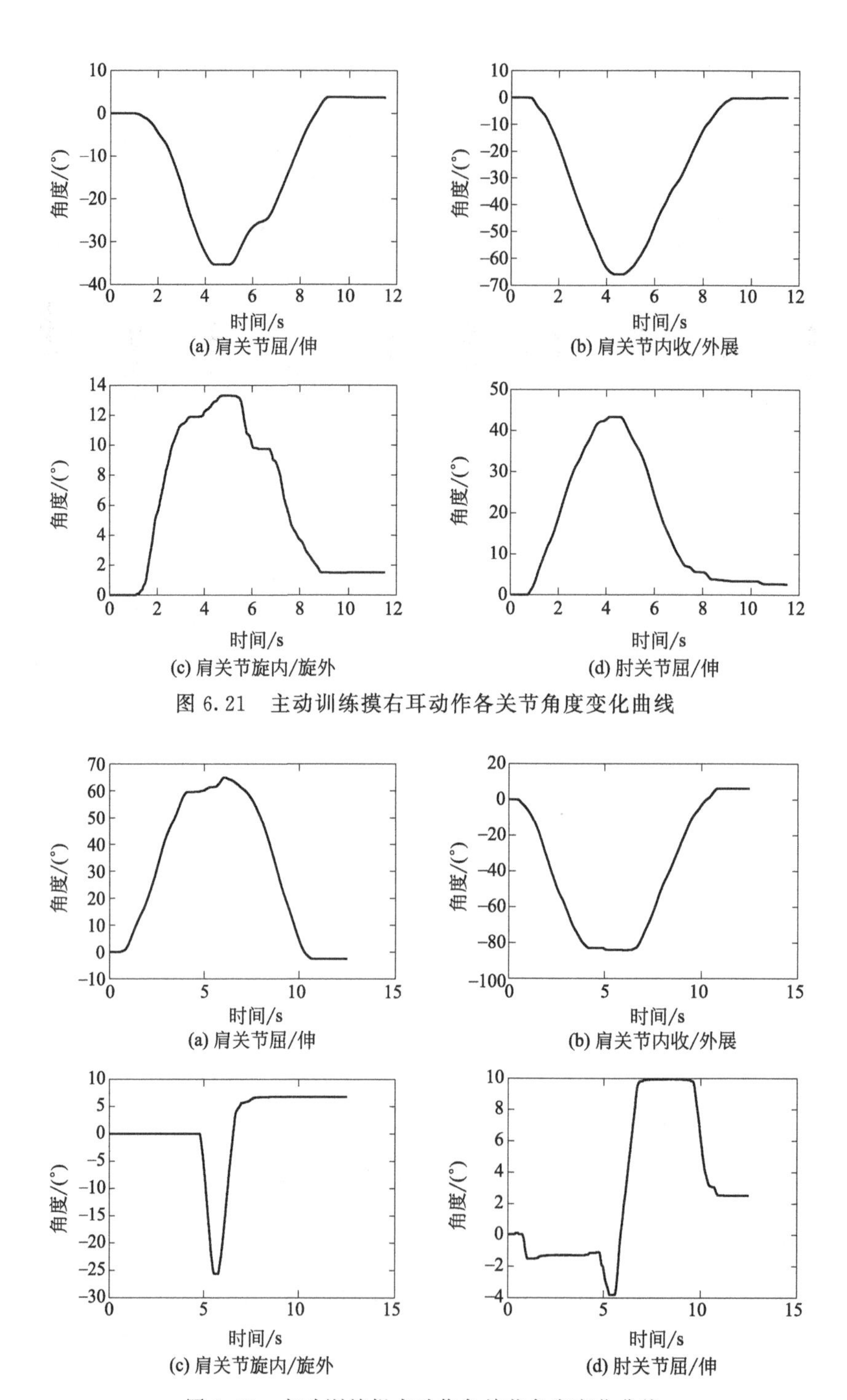

(a) 肩关节屈/伸　(b) 肩关节内收/外展

(c) 肩关节旋内/旋外　(d) 肘关节屈/伸

图 6.21　主动训练摸右耳动作各关节角度变化曲线

(a) 肩关节屈/伸　(b) 肩关节内收/外展

(c) 肩关节旋内/旋外　(d) 肘关节屈/伸

图 6.22　主动训练提水动作各关节角度变化曲线

从 5 种特定动作变化曲线可以看出，康复机器人肩关节以及肘关节各自由度角度变化曲线拟合度较好，能够实现测试者与机器人之间轨迹跟踪。在主动运动康复训练模式下，患者可根据不同康复阶段选择适宜的最优康复训练路径。

6.3.3 示教训练实验

康复机器人的示教训练是康复治疗师首先带动患者在机器人系统中进行相应的康复训练动作，通过采集系统将采集到的上肢各关节加速度信息发送给机器人系统的上位机，通过数据处理转换成各关节的角度，并实时显示角度和姿态信息；治疗结束后，由系统生成患者上肢在康复过程中的运动轨迹，最后转换成机器人系统的控制信息，控制机器人按照上述康复治疗过程对患者进行重复训练。

实验设计了同被动运动康复训练一样的 5 种训练动作，提取肩关节以及肘关节角度变化数据，得到图 6.23 摸左肩时各关节角度的变化曲线，图 6.24 摸头时各关节角度的变化曲线，图 6.25 摸嘴时各关节角度的变化曲线，图 6.26 摸右耳时各关节角度的变化曲线以及图 6.27 提水时各关节角度的变化曲线。其中 5 种特定动作变化曲线中，图(a)～(d) 分别为肩关节屈/伸、外展/内收、旋内/旋外及肘关节屈/伸曲线图。

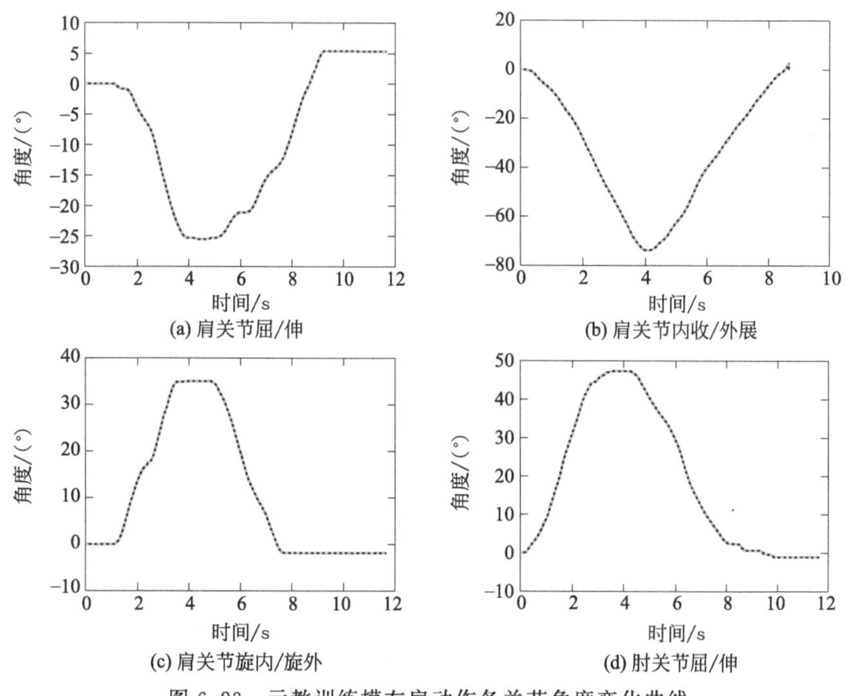

图 6.23 示教训练摸左肩动作各关节角度变化曲线

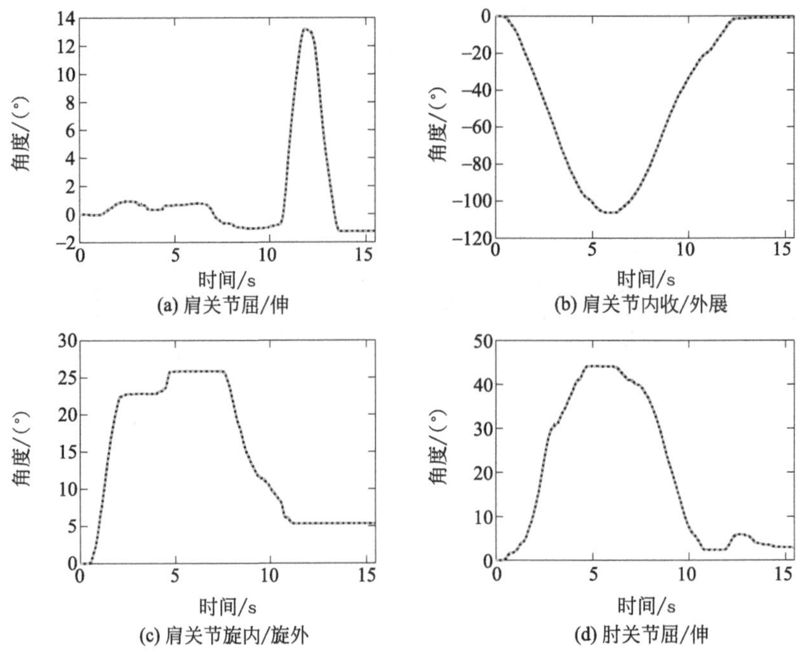

图 6.24 示教训练摸头动作各关节角度变化曲线

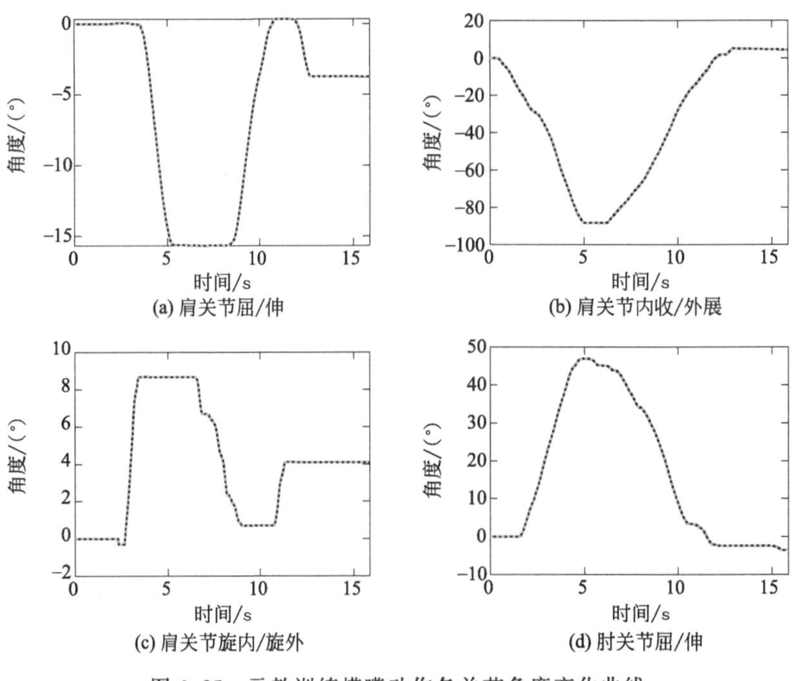

图 6.25 示教训练摸嘴动作各关节角度变化曲线

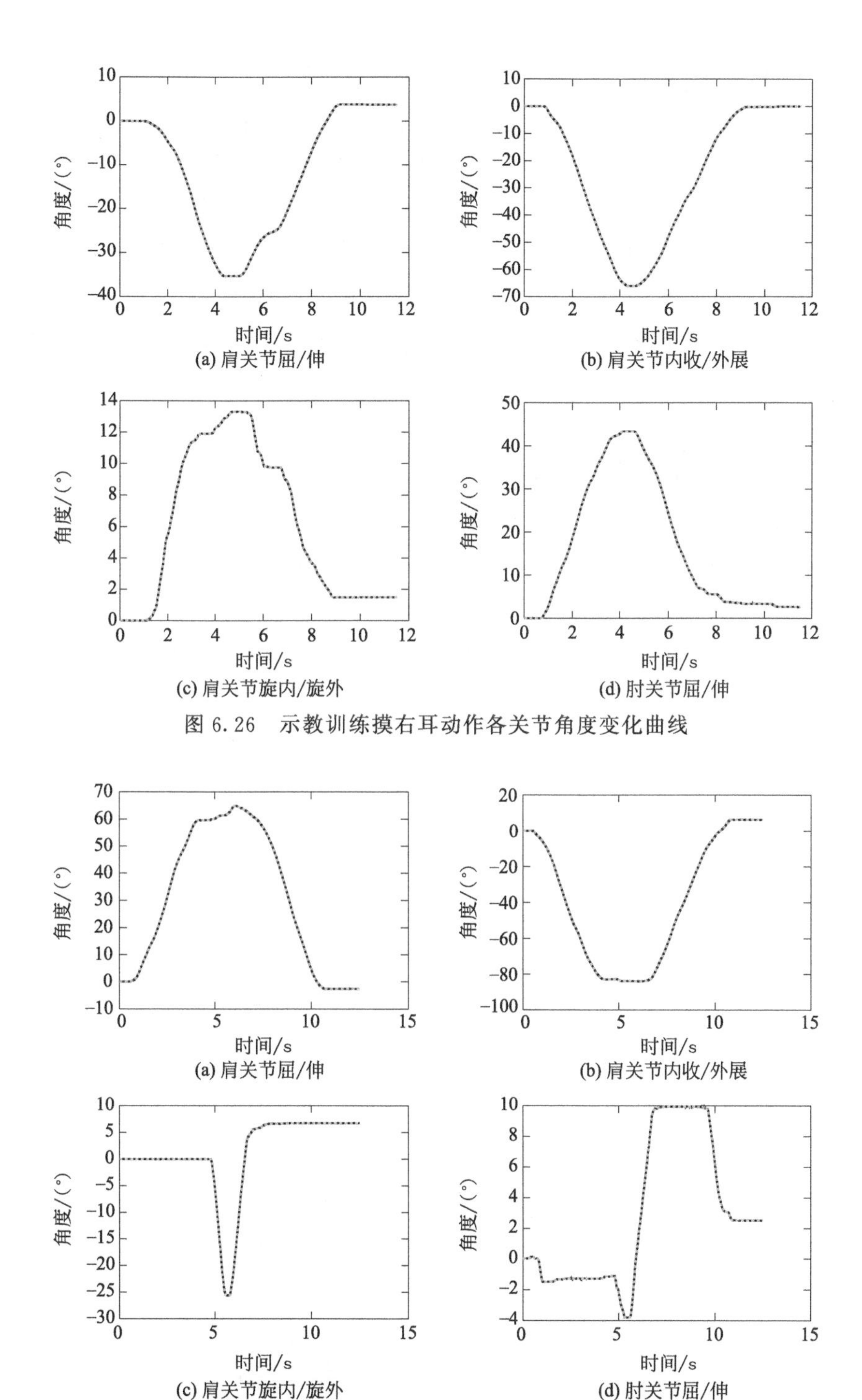

图 6.26 示教训练摸右耳动作各关节角度变化曲线

图 6.27 示教训练提水动作各关节角度变化曲线

按照上述步骤，完成5种康复训练动作的示教训练实验，获得测试者上肢运动角度曲线，通过机器人系统得到5种康复训练动作机器人各关节角度变化曲线图，其中实线为康复治疗师带动患者上肢进行训练时的机器人运动角度曲线，虚线为机器人带动患者进行康复训练时的运动角度曲线。可以发现，康复治疗师带动患者训练时机器人运动角度曲线与机器人带动患者进行康复训练时的运动角度曲线高度重合，且平滑度高，满足康复训练要求。患者可根据康复治疗师规划出的最优康复训练运动轨迹，通过机器人示教的方式，完成多次重复性的康复训练动作。

6.4 本章小结

本章搭建了可穿戴式上肢康复机器人原理样机，并基于 Qualisys 运动捕捉系统外部实时测量实验平台，完成了上肢康复机器人腕关节自主运动和穿戴后生理运动空间实验。基于可穿戴式上肢康复机器人系统完成了被动康复训练、主动康复训练以及示教学习实验，表明了研究的可穿戴式上肢康复机器人可以实现上肢关节的主动、被动和示教康复训练，满足不同康复阶段患者的康复训练需求，综合实验性能指标验证了所提出理论和方法的正确性。

参 考 文 献

[1] 顾玲，胡公伟，胡永善，等．系列体位支持垫在脑卒中患者康复中的应用 [J]. 神经病学与神经康复学杂志，2010，7 (4)：206-209.

[2] 燕铁斌，窦祖林，冉春风．实用瘫痪康复 [M]. 北京：人民卫生出版社．2010：135-145.

[3] 李庆玲．基于 sEMG 信号的外骨骼式机器人上肢康复系统研究 [D]. 哈尔滨：哈尔滨工业大学，2009.

[4] 金奕，徐旭东．脑卒中患者康复护理现状与展望 [J]. 中国护理管理，2018，18 (6)：726-729.

[5] 王陇德，刘建民，杨弋等．我国脑卒中防治仍面临巨大挑战——《中国脑卒中防治报告 2018》概要 [J]. 中国循环杂志，2019，34 (2)：105-119.

[6] 黄石松，伍小兰．"十四五"时期中国老年健康服务体系建设的路径优化 [J]. 新疆师范大学学报（哲学社会科学版），2021，42 (5)：126-134.

[7] 袁欣．PDE4 抑制剂与中枢神经系统可塑性 [J]. 世界最新医学信息文摘，2017，17 (86)：49-50.

[8] 王丽，张秀峰，马岩．脑卒中患者上肢康复机器人及评价方法综述 [J]. 北京生物医学工程，2015，(5)：526-532.

[9] 李大年．缺血性脑血管病治疗进展 [J]. 山东医药，2000，40 (1)：35-42.

[10] 孙欣．基于表面肌电信号定量辨识的上肢康复机器人运动控制 [D]. 哈尔滨：哈尔滨工业大学，2010.

[11] 纪雯．五自由度上肢康复机器人训练方案及评价系统的研究 [D]. 沈阳：东北大学，2013.

[12] M Ferraro，J J Palwmlo，I Krol，et al. Robot-aided sensorimotor arm training improves outcome in patients with chronic stroke [J]. Neurology，2003，61：1604-1607.

[13] 孙长城，王春方，丁晓晶，等．上肢康复机器人辅助训练对脑卒中偏瘫患者上肢运动功能的影响 [J]. 中国康复医学杂志，2018，10：1162-1167.

[14] 朱雪枫．五自由度上肢康复机器人数学建模与仿真 [D]. 沈阳：东北大学，2011.

[15] P Dario，E Guglielmelli，C Laschi. Humanoids and personal robots：Design and experiments [J]. Journal of Robotic Systems，2001，18 (12)：673-690.

[16] M Fisher，L Moores，M N Alsharif，et al. Definition and implications of the preventable stroke [J]. JAMANeurol，2016，73 (2)：186-189.

[17] 高聪，蒲蜀湘，朱德仪．早期康复治疗对脑卒中偏瘫患者肢体功能及日常生活能力的影响 [J]. 中国康复医学杂志，2001，16 (1)：27-29.

[18] 马南，路来金，张敬莹，等．周围神经损伤后神经系统的可塑性 [J]. 中国临床康复，2006，22：128-130.

[19] M A Murphy，C Resteghini，P Feys，et al. An overview of systematic reviews on upper extremity outcome measures after stroke [J]. BMC neurology，2015 (15)：29.

[20] S T Freitas，E Abreu，M C D Reis，et al. Muscle torque of healthy individuals and individuals with spastic hemiparesis after passive static streching [J]. Acta of Bioengineering&Biomechanics，2016，18 (1)：35-39.

[21] H I Krebs，B T Volpe，M L Aisen，et al. Increasing productivity and quality of care：robot-aided neuro-

rehabilitation [J]. Journal of rehabilitation research and development, 2000, 37 (6): 639-652.

[22] R Loureiro, F Amirabdollahian, M Topping, et al. Upper limb robot mediated stroke therapy Gentle/s approach [J]. Autonomous Robots, 2003, 15: 35-51.

[23] R Colombo, F Pisano, S Micera, et al. Robotic techniques for upper limb evaluation and rehabilitation of stroke patients [J]. IEEE Transactions on Neural Systems and Rehabilitation Engineering, 2005, 13 (3): 311-324.

[24] G Rosati, P Gallina, S Masiero. Design, implementation and clinical tests of a wire-based robot for neurorehabilitation [J]. IEEE Transactions on Neural Systems and Rehabilitation Engineering, 2007, 15 (4): 560-569.

[25] P S Lum, C G Burgar, P C Shor. Evidence for improved muscle activation patterns after retraining of reaching movements with the MIME robotic system in subjects with post-stroke hemiparesis [J]. IEEE Transactions on Neural Systems&Rehabilitation Engineering, 2004, 12 (2): 186.

[26] A Toth, G Arz, G Fazekas, et al. Post stroke shoulder-elbow physiotherapy with industrial robots [J]. Advances in Rehabilitation Robotics, 2004, 391-411.

[27] G Z Xu, A G Song, H J Li. Control system design for an upper-limb rehabilitation robot [J]. Advanced Robotics, 2011, 25 (01): 229-251.

[28] Y Yang, L Wang, J Tong, et al. Arm rehabilitation robot impedance control and experimentation [C]. IEEE International Conference on Robotics and Biomimetics, IEEE Press, 2006: 914-918.

[29] 陈云菲．基于 FES 的起立功能康复机器人设计及相关技术研究 [D]. 哈尔滨：哈尔滨工业大学，2008.

[30] 李志宾．用于人体肩关节康复的球面外骨骼机器人设计与研究 [D]. 太原：中北大学，2018.

[31] 彭亮，侯增广，王晨，等．康复辅助机器人及其物理人机交互方法 [J]. 自动化学报，2018，11：2000-2010.

[32] M Guidali, A Duschau-Wicke, S Broggi, et al. A robotic system to train activities of daily living in a virtual environment [J]. Medical&biological engineering&computing, 2011, 49 (10): 1213-1223.

[33] 郭宁．上肢神经康复外骨骼机器人控制策略研究 [D]. 哈尔滨：哈尔滨工业大学，2017.

[34] D J Reinkensmeyer, L E Kahn, M Averbuch, et al. Understanding and treating arm movement impairment after chronic brain injury: Progress with the ARM guide [J]. Journal of Rehabilitation Research&Development, 2000, 37 (6): 653.

[35] S Kousidou, N G Tsagarakis, C Smith, et al. Task-orientated biofeedback system for the rehabilitation of the upper limb [C]. IEEE 10th International Conference on Rehabilitation Robotics, IEEE Press, 2007. 376-384.

[36] T G Sugar, J H He, E J Koeneman, et al. Design and control of RUPERT: A device for robotic upper extremity repetitive therapy [J]. IEEE Transactions on Neural Systems and Rehabilitation Engineering, 2007, 15 (3): 336-346.

[37] S Balasubramanian, R H Wei, M Perez, et al. RUPERT: An exoskeleton robot for assis ting rehabilitation of arm functions [C]. 2008 Virtual Rehabilitation, IEEE Press, 2008, (1): 63-167.

[38] S Klein, S Spencer, J Allington, et al. Optimization of a parallel shoulder mechanism to achieve a high-force, low-mass, robotic-arm exoskeleton [J]. IEEE Transactions on Robotics, 2010, 26

(4)：710-715.

[39] J C Perry，J Rosen，S Burns. Upper-limb powered exoskeleton design [J]. IEEE/ASME Transactions on Mechatronics，2007，12 (4)：408-417.

[40] Y Mao. Carex：A cable-driven arm exoskeleton for functional training ofarm movement [M]. Michigan：ProQuest LLC，2012.

[41] Y Mao，S K Agrawal. Design of a cable-driven arm exoskeleton (CAREX) for neural rehabilitation [J]. IEEE Transactions on Robotics，2012，28 (4)：84-92.

[42] J C Perry，J Rosen. Design of a 7 degree-of-freedom upper-limb powered exoskeleton [J]. IEEE/ASME Transactions on Mechatronics. 2007，12 (4)：408-417.

[43] 刘志辉．外骨骼上肢运动功能康复系统的人因工程研究 [D]. 上海：东华大学，2017.

[44] 吴军．上肢康复机器人及相关控制问题研究 [D]. 武汉：华中科技大学，2012.

[45] 王东岩，李庆玲，杜志江，等．外骨骼式上肢康复机器人及其控制方法研究 [J]. 哈尔滨工程大学学报，2007，28 (9)：1008-1013.

[46] 胡宇川，季林红．一种偏瘫上肢复合运动的康复训练机器人 [J]. 机械设计与制造．2004，6：128-132.

[47] C H Xiong，X Z Jiang，S R Lei，et al. Control methods for exoskeleton rehabilitation robot driven with pneumatic muscles [J]. International Journal Industrial Robot，2013，36 (3)：210-220.

[48] X Tu，J He，H Jian，et al. Cooperation of electrically stimulated muscle and pneumatic muscle to realize RUPERT bi-directional motion for grasping [C]. Annual International Conference of the IEEE Engineering in Medicine and Biology Society (EMBC)，IEEE Press，2014：4103-4106.

[49] Q C Wu，X S Wang，L Chen，et al. Transmission model and compensation control of double-tendon-sheath actuation system [J]. IEEE Transactions on Industrial Electronics，2015，62 (3)：1599-1609.

[50] 吴青聪，王兴松，杜峰坡，等．双套索系统力矩传动特性与摩擦补偿分析 [J]. 机械工程学报，2015，51 (5)：22-29.

[51] X P Ma，Q Z Yang，J Cai，et al. Design and research of 7-DOF upper-limb rehabilitation robot flexible joint [C]. 2016 International Conference on Advanced Robotics and Mechatronics (ICARM)，IEEE Press，2016:，614-619.

[52] W Xu，Y Wang，S R Jiang，et al. Kinematic analysis of a newly designed cable-driven manipulator [J]. Transactions of the Canadian Society for Mechanical Engineering，2018，42 (2)：125-135.

[53] 张勤，王帅，范长湘．轮椅带绳驱动机械臂结构设计 [J]. 机械设计与制造，2014，5：8-10.

[54] W Yu，J Rosen，X Li. PID admittance control for an upper limb exoskeleton [C]. American Control Conference，2011：1124-1129.

[55] D Choi，J H Oh. Development of the Cartesian arm exoskeleton system (CAES) using a 3-axis force/torque sensor [J]. International Journal of Control Automation&Systems，2013，11 (5)：976-983.

[56] A Gupta，M K O'Malley，V Patoglu，et al. Design，control and performance of rice wrist：A force feedback wrist exoskeleton for rehabilitation and training [J]. International Journal of Robotics Research，2008，27 (2)：233-251.

[57] W Yu，J Rosen，X Li. PID admittance control for an upper limb exoskeleton [C]. Proceedings of the 2011 American Control Conference，IEEE Press，2011：1124-1129.

[58] M H Rahman, M Saad, J P Kenne, et al. Modeling and control of a 7DOF exoskeleton robot for arm movements [C]. IEEE International Conference on Robotics and Biomimetics, IEEE Press, 2010: 245-250.

[59] A M Khan, D W Yun, K M Zuhaib, et al. Estimation of desired motion intention and compliance control for upper limb assist exoskeleton [J]. International Journal of Control Automation&Systems, 2017, 15 (2): 802-814.

[60] S Balasubramanian, R Wei, M Perez, et al. RUPERT: An exoskeleton robot for assisting rehabilitation of arm functions [C]. 2008 Virtual Rehabilitation, IEEE Press, 2008: 163-167.

[61] Z Li, C Y Su, G Li, et al. Fuzzy approximation-based adaptive back-stepping control of an exoskeleton for human upper limbs [J]. IEEE Transactions on Fuzzy Systems, 2014, 23 (3): 555-566.

[62] X Li, Y H Liu, H Yu. Iterative learning impedance control for rehabilitation robots driven by series elastic actuators [J]. Automatica, 2018, 90: 1-7.

[63] X Zhu, J Wang. Double iterative compensation learning control for active training of upper limb rehabilitation robot [J]. International Journal of Control, Automation and Systems, 2018, 16 (3): 1312-1322.

[64] B O Mushage, J C Chedjou, K Kyamakya. Fuzzy neural network and observer-based fault-tolerant adaptive nonlinear control of uncertain 5-DOF upper-limb exoskeleton robot for passive rehabilitation [J]. Nonlinear Dynamics, 2017, 87 (3): 2021-2037.

[65] T Madani, B Daachi, and K Djouani, et al. Modular-controller-design-based fast terminal sliding mode for articulated exoskeleton systems [J]. IEEE Transactions on Control Systems Technolog, 2016, 25 (3): 1133-1140.

[66] 邹锦慧，洪乐鹏，朱建刚．人体解剖学 [M]. 北京：科学出版社，2005：120-145.

[67] 金德闻，张济川，等．康复工程与生物机械学 [M]. 北京：清华大学出版社，2011：307-320.

[68] A H Peggy. Brunnstrom's clinical kinesiology (sixth edition) [M]. United States of America: A. Davis Company, 2011.

[69] 吴振宏．球面四杆式肩关节康复训练装置的尺度综合及结构化设计 [D]. 重庆：重庆理工大学，2018.

[70] 桂经良．网球击球手臂建模与仿真研究 [D]. 南京：东南大学，2011.

[71] K Liu, Y Wu, Z Ge, et al. Adaptive multi-objective optimization of bionic shoulder joint based on particle swarm optimization [J]. Journal of Shanghai Jiaotong University (Science) 2018, 23 (10): 550-561.

[72] 王秀娇．球面剪叉式肩关节康复机构的运动性能分析 [D]. 太原：中北大学，2019.

[73] M A Laribi, A Decatoire, G Carbone, et al. Identification of upper limb motion specifications via visual tracking for robot assisted exercising [C]. International Conference on Robotics in Alpe-Adria-Danube Region, IEEE Press, 2018, (67): 93-101.

[74] B H Wang, S Chen, B Zhu, et al. Design and implementation of shoulder exoskeleton robot [J]. International Conference on Social Robotics, 2018, 11357: 241-252.

[75] K A Major, Z Z Major, G Carbone, et al. Ranges of motion as basis for robot-assisted poststroke rehabilitation [J]. Human & Veterinary Medicine, 2016, 8: 192-196.

[76] D A Neumann. Kinesiology of the musculoskeletal system: foundations for rehabilitation [M]. Third,

Mosby, 2016.

[77] 陶建波. 全驱动上肢外骨骼康复机器人设计方法研究 [D]. 武汉：华中科技大学，2019.

[78] M Rahman, K O Thierry, M Saad, et al. Robot assisted rehabilitation for elbow and forearm movements [J]. International Journal of Biomechatronics and Biomedical Robotics, 2011, 1 (4): 206-218.

[79] Z X Pang, T Y Wang, Z L Wang, et al. Design and analysis of a wearable upper limb rehabilitation robot with characteristics of tension mechanism [J]. Applied Sciences, 2020, 10 (6): 2101.

[80] 裘晓冬，王人彦，陆洲，等. 桡骨远端骨折手术与非手术治疗的临床疗效比较 [J]. 中国现代医生，2013，18：42-44，47.

[81] 沈惠平，杨梁杰，邓家鸣，等. 用于肩关节康复训练的单输入三转动输出并联机构及其运动学设计 [J]. 中国机械工程，2015，26 (22)：2983-2984.

[82] B H Wang, S Chen, B Zhu, et al. Design and implementation of shoulder exoskeleton robot [C]. 2018 10th International Conference on Social Robotics, IEEE Press, 2018, 11357: 241-252.

[83] Y Guo, G L Ding, Z Q Li. Development and application of a synchronous belt drive design system [J]. Advanced Materials Research, 2014, 971-973: 450-453.

[84] T Nef, R Riener, R Muri. Comfort of two shoulder actuation mechanisms for arm therapy exoskeletons: a comparative study in healthy subjects [J]. Medical & Biological Engineering & Computing, 2013, 51: 781-789.

[85] 孙定阳，沈浩，郭朝，等. 绳驱动柔性上肢外骨骼机器人设计与控制 [J]. 机器人，2019，6：834-841.

[86] 曹学敏. 基于张拉机构的仿生上肢前臂设计方法 [D]. 长春：长春工业大学，2020.

[87] 徐雷. 自由度上肢康复机器人质心法建模与神经网络控制 [D]. 沈阳：东北大学，2013.

[88] 张克敏. 基于虚拟现实的机器人仿真研究 [D]. 重庆：重庆大学，2012.

[89] X J Jin, D I Jun, X M Jin, et al. Workspace analysis of upper limb for a planar cable-driven parallel robots toward upper limb rehabilitation [C]. 2014 14th International Conference on Control, Automation and Systems, IEEE Press, 2014: 352-356.

[90] 檀祝新，余晓流，高文斌. 一种六自由度上肢康复训练机器人运动学及工作空间仿真分析 [J]. 机床与液压，2019，47 (3)：32-35.

[91] 许祥，侯丽雅，黄新燕，等. 基于外骨骼的可穿戴式上肢康复机器人设计与研究 [J]. 机器人，2014，36 (2)：147-155.

[92] Z Wang, Y Chang, X Sui. Kinematics analysis and trajectory planning of upper limb rehabilitation robot [C]. 2017 International Conference on Industrial Informatics-Computing Technology, Intelligent Technology, Industrial Information Integration (ICIICII). IEEE Press, 2017: 177-180.

[93] 杜钊君，吴怀宇，韩涛，等. 基于遗传算法的移动机械臂轨迹优化研究 [J]. 机械设计与制造. 2013，(5)：133-136.

[94] Q Miao, A McDaid, M Zhang, et al. A three-stage trajectory generation method for robot-assisted bilateral upper limb training with subject-specific adaptation [J]. Robotics and Autonomous Systems, 2018, 105: 38-46.

[95] 林仕高，刘晓麟，欧元贤. 基于 5 次多项式的机械手姿态平滑规划算法 [J]. 制造业自动化，2013，(11)：16-18.

［96］ B Gao，J Xu，J Zhao，N Xi，et al. Combined inverse kinematic and static analysis and optimal design of a cable-driven mechanism with a spring spine ［J］. Advanced Robotics，2012，26（8-9）：923-946.
［97］ 段清娟，李清桓，李帆，等．绳索-弹簧机构工作空间分析［J］．机械工程学报，2016，15：15-20.
［98］ 李清桓，段清娟，李帆，等．绳牵引机器人加入弹簧后刚度分析［J］．振动与冲击，2017，10：197-202，223.
［99］ 孙黎霞，宋洪刚，高丙团，等．仿生柔性并联机器人的逆运动学与优化设计［J］．东南大学学报（自然科学版），2013，43（4）：736-741.
［100］ 姜雷杰．自绝缘仿生柔性并联关节的设计与控制［D］．南京：东南大学，2018.
［101］ S Timoshenko. Theory of elastic stability ［M］. New York：McGraw-Hill，1936.
［102］ S Arimoto，S Kawamura，F Miyazaki. Bettering operation of robotics by learning ［J］. Journal of Robotic System，1984，1（2）：123-140.
［103］ T C Freeman. Upper limb electrical stimulation using input-output linearization and iterative learning control ［J］. IEEE Transactions on Control Systems Technology，2015，23（4）：1546-1554.
［104］ X F Zhu，J H Wang. Double iterative compensation learning control for active training of upper limb rehabilitation robot ［J］. International Journal of Control，Automation and Systems，2018，16（3）：1312-1322.
［105］ S K Wang，J Z Wang，J B Zhao. Application of PD-type iterative learning control in hydraulically driven 6-DOF parallel platform ［J］. Transactions of the In-stitute of Measurement and Control，2013，35（5）：683-691.
［106］ F M Chen，J SH Tsai，Y T Liao，et al. An improvement on the transient response of tracking for the sampled-data system based on an improved PD-type iterative learning control ［J］. Journal of the Frmklin Institute，2014，351（2）：1130-1150，.
［107］ H Wang，J Dong，Y Wang. High-order feedback iterative learning control algorithm with forgetting factor ［J］. Mathematical Problems in Engineering，2015，3：1-7.
［108］ 刘金锟．机器人控制系统的设计与MATLAB仿真［M］，北京：清华大学出版社，2008.
［109］ F Wang，Z Q Chao，L B Huang，et al. Trajectory tracking control of robot manipulator based on RBF neural network and fuzzy sliding mode ［J］，Cluster Computing，2019，22（7）：1-11.
［110］ 董君，陈立．RBF神经网络算法的非线性积分滑模控制机械臂运动轨迹误差研究［J］，中国工程机械学报，2018，16（2）：106-110.
［111］ F C Huang，J L Patton. Augmented dynamics and motor exploration as training for stroke ［J］. IEEE Transactions on Biomedical Engineering，2013，60（3）：838-844.
［112］ W G Members，D Mozaffarian，E J Benjamin，et al. Executive summary：Heart disease and stroke statistics-2016 update：a report from the American heart association ［J］. Circulation，2016，133（4）：447-454.
［113］ 钱前，张爱华．多关节机械臂轨迹跟踪自适应神经网络滑模控制［J］．自动化仪表，2018，39（12）：39-43.